科学检验精神丛书

为民·求是·严谨·创新

Serving　　Seeking　　Scientific　　Innovation
the Public　Truth　　Attitude

大道为民

——铸就使命与担当

中国食品药品检定研究院　组织编写

李云龙　总主编

鲁艺　主　编

中国医药科技出版社

内容提要

为民是科学检验精神的核心，是食品药品检验的根本出发点和落脚点。中国食品药品检验系统历经60多年检验为民的光荣岁月，凝练出内涵丰富、朴实无华的检验为民理念，是社会主义核心价值观在食品药品检验领域的职业体现。本书是《科学检验精神丛书》之《为民篇》。

本书分上、中、下三篇。上篇（第1~3章）献身使命——检验为民的坚守：主要阐述检验为民理念的形成、本质、内涵、引领作用以及60年来中国食品药品检验系统检验为民的光辉历程。中篇（第4~6章）善做善成——检验为民的保证：从加强制度建设、打造为民服务氛围以及自觉践行等三个方面回答怎样做好检验为民工作。下篇（第7~9章）志存高远——检验为民不停步：从面临的新形势和新挑战着眼，勾画出检验资源整合、风险管理、社会共治等为民服务的新举措，展望了大数据时代下检验为民的新模式。

本书适合从事食品药品检验工作者参考与培训，也适合关注食品药品检验行业的人士阅读。

图书在版编目（CIP）数据

大道为民——铸就使命与担当 / 鲁艺主编 . — 北京：中国医药科技出版社，2015.6

（科学检验精神丛书 / 李云龙主编）

ISBN 978-7-5067-7294-5

Ⅰ.①大… Ⅱ.①鲁… Ⅲ.①食品检验—研究—中国 ②药品检定—研究—中国 Ⅳ.① TS207.3 ② R927.1

中国版本图书馆 CIP 数据核字（2015）第 029178 号

美术编辑　陈君杞

版式设计　锋尚设计

出版　中国医药科技出版社

地址　北京市海淀区文慧园北路甲 22 号

邮编　100082

电话　发行：010-62227427 邮购：010-62236938

网址　www.cmstp.com

规格　787×1092mm 　¹/₁₆

印张　14¹/₄

字数　151 千字

版次　2015 年 6 月第 1 版

印次　2015 年 6 月第 1 次印刷

印刷　北京盛通印刷股份有限公司

经销　全国各地新华书店

书号　ISBN 978-7-5067-7294-5

定价　69.00 元

本社图书如存在印装质量问题请与本社联系调换

《科学检验精神丛书》编委会

《大道为民——铸就使命与担当》编委会

食品药品安全是人命关天的事，是天大的事。食品药品安全状况综合反映公众生活质量，事关人民群众身体健康和生命安全，事关社会和谐稳定。党的十八大以来，以习近平同志为总书记的党中央高度重视食品药品安全监管工作，把民生工作和社会治理作为社会建设两大根本任务，大力推进食品药品安全监管体制机制改革。十八届三中、四中全会将食品药品安全纳入了"公共安全体系"，改革多头管理格局，建立完善统一权威的食品药品安全监管体系，建立最严格的覆盖全过程的监管制度。全面深化改革、全面推进依法治国、进一步促进国家治理体系现代化，这些都对食品药品监管工作提出了新的要求。我们要清楚认识当前食品药品安全基础仍然薄弱、新旧风险交织的客观现实，同时，我国食品药品监管事业亦正面临难得的历史发展机遇期。

食品药品检验是食品药品监管至关重要的技术支撑力量，是保证食品药品安全的极其重要的最后一道防线。全国食品药品检验系统广大干部职工，60年励精图治、艰苦奋斗、无私奉献，充分发挥技术支持、技术监督、技术保障和技术服务作用，为保障人民群众饮食用药安全做出突出贡献，全系统也逐渐形成、沉淀和凝结了极其宝贵的精神财富和现代化专业能力。"中国药检"品牌已在国内外形成良好影响和认可。

作为全国食品药品检验领域的"领头羊"，中国食品药品检定研究院带领全国系统总结60年发展历程，归纳提出"为民、求是、严谨、创新"

的科学检验精神。食品药品科学检验精神是社会主义核心价值观在食品药品检验领域的职业体现和生动实践。中国食品药品检定研究院组织全国系统编写《科学检验精神丛书》(简称《丛书》),这是对食品药品科学检验精神的诠释与挖掘。《丛书》集思想性、实践性、知识性和趣味性于一体,是一部理论与实践相结合,历史与现实、未来相呼应,可读性较强的系列丛书,对进一步推动我国食品药品检验事业持续健康发展具有引领和指导作用。

《丛书》的编写出版十分难得,是我国食品药品检验领域的一件大事。希望全国食品药品检验工作者,努力践行科学检验精神,使之贯穿于检验工作全过程各个环节,并在实践中不断丰富和发展,为我国食品药品安全做出新的更大的贡献!愿《丛书》的出版,对于食品药品检验机构及其科技工作者,乃至关心和期盼饮食用药安全的公众及社会各界,都具有一定的指导意义和参考价值。

中国工程院院士

2014年12月

　　科学检验精神的总结提出，是中国食品药品检定研究院（以下简称中检院）及全国食品药品检验系统集体智慧的结晶。

　　经过60多年发展与进步，我国食品药品检验机构的检验检测能力和水平不断提高，有力支撑了食品药品监管事业的持续健康发展，为保障公众饮食用药安全做出了突出贡献。在这一过程中，各级检验机构，一代又一代检验工作者艰苦奋斗、励精图治、无私奉献，凝聚了丰富而宝贵的经验，沉积了优良传统和优秀品质。确立科学检验精神就是对这些宝贵经验的总结与提炼，对这些优良传统和优秀品质的继承与升华，以引领和激励我国食品药品检验事业适应新形势的要求，不断推动其持续、健康和科学发展。

　　"为民"是科学检验精神的核心；"求是"是科学检验精神的本质；"严谨"是科学检验精神的品格；"创新"是科学检验精神的灵魂。科学检验精神的要义是立足科学，着眼检验，突出精神。它是在检验检测实践中，以科学为准则所形成的共同信念、价值标准和行为规范的总称；是科学精神的职业体现和表现形式，是从事食品药品检验的机构及其检验工作者在长期履职实践中形成的一种行业文化。科学检验精神是"中国药检"文化建设的内核。是食品药品科学监管理念的丰富与发展，更是体现时代精神、符合检验行业特点的核心价值观，是社会主义核心价值观的职业体现和生动实践。

科学检验精神的形成与探索大体经历了以下三个阶段。

第一阶段　总结提出

从2008年开始，在中检院前身原中国药品生物制品检定所的带领和推动下，全国药品检验系统对检验理念和发展思路展开了深入思考和讨论。2010年10月组织发起了科学检验理念研究的征文活动。2011年中期，中检院在前期征文的基础上组织系统内外专家对科学检验精神进行了集中研究，基本确定了科学检验精神的表述及其内涵。2011年12月，在"2012年全国食品药品医疗器械检验工作电视电话会议"上，正式提出了《确立科学检验精神，引领食品药品检验事业科学发展》的要求，并在2012年第六期《求是》杂志上发表了署名文章。

第二阶段　科学研究

2012年7月，中检院《学科带头人培养基金》予以立项，最终确定了29个子课题。而后动员全国食品药品检验系统对科学检验精神开展了进一步的研究探索。系统内外共有53个单位，300多人次参加了研究。课题于2014年初全部通过验收。期间，我应邀在检验及食品药品监管系统相关单位多次作了《科学检验精神要点解析》的报告，结合实际对科学检验精神作了深入浅出的解读和阐释，用以推动对科学检验精神的进一步理解和践行。

第三阶段　著书立说

为了梳理和总结相关研究成果，推动科学检验精神的不断丰富与完善，2014年年初开始，中检院组织全国系统相关单位编写《科学检验精神丛书》(简称《丛书》)。《丛书》分《为民篇》《求是篇》《严谨篇》《创新篇》4个分册。并采取申报和竞争择优的方式,确定深圳市药品检验所、天津市药品检验所、江西省药品检验检测研究院和广东省医疗器械质量监督检验所四个单位为分册主编单位。并有青海省食品药品检验所、总后卫生部药品仪器检验所和中共青海省委党校、江西省卫生和计划生育委员会等25个单位52人共同参与了编写工作。

科学检验精神来源于实践,引领实践,并在实践中接受检验。它的活力和生命力就在于在检验检测的实践中不断完善、丰富与发展。虽然全国食品药品检验系统,尤其是主持和参与《丛书》编写同仁们为此付出了艰辛而创造性的劳动与努力,做出了历史性的贡献。但科学检验精神的探索和实践"永远在路上"。由于水平有限,《丛书》阐述的内容会有不当和疏漏之处,有待修订再版时补充完善。诚恳地希望《丛书》的出版,能够为我国食品药品检验领域理念和实践创新提供有价值的思路;能够为我国食品药品检验事业可持续发展提供思想动力、精神力量和智力支持;能够用科学检验精神进一步凝聚"中国药检"的品牌力量;能够为"中国药检"理念走向世界奠定基础、创造条件。为保障公众饮食用药安全乃至全人类的健康事业做出新的更大的贡献!

李云龙

2014年12月

目　录

中篇　善做善成——检验为民的保证

下篇　志存高远——检验为民不停步

献身使命

——检验为民的坚守

导　读

　　食品药品人命关天，既是经济问题、也是重大的民生问题，更是涉及国家公共安全战略的政治问题。食品药品检验是质量安全的坚固防线。中国食品药品检验系统走过60多年的光辉历程，筚路蓝缕、栉风沐雨，总结、凝练出内涵丰富、朴实无华的检验为民理念，它传承了中国食品药品检验系统的文化，树立起"中国药检"品牌，是社会主义核心价值观在食品药品检验领域的职业体现。

第一章

一切为了人民生命安全

能不能在食品药品安全上给老百姓一个满意的交代，是对党的执政能力的重大考验……科学检验是维护质量安全的坚固防线……食品药品检验工作者的为民情怀……

人类文明社会的发展始终伴随着守护食品药品质量安全、追求生命健康的逐梦历程。上至联合国粮农组织、世界卫生组织等国际机构，下至各国政府，都把食品药品安全作为保障公众生命健康，增进民生福祉的重大民生工程大力推进。

——食品药品安全是人命关天的事、是天大的事

"国以民为本，民以食为天"。食品是人类生存的必需品，药品是人类身体健康的保障品。从茹毛饮血到饕餮盛宴，从神农尝百草到科学检验，食品药品伴随着人类社会的文明进步也在不断发展进步。

1. 人类永恒的话题

食品药品和一般商品一样在市场上进行买卖交易，满足人类的正常生活需求。同时，食品药品又是特殊的商品，直接关系人类生命健康，

它区别于诸如服装、汽车等其他工业产品，能满足人类机体正常生理需求，能维系生命、解除病痛。每个人从孕育、出生、成长到衰老都离不开食品药品。

圣人孔子在《论语·乡党第十》提到过著名的"五不食"原则："鱼馁而肉败，不食。色恶，不食。臭恶，不食。失饪，不食。不时，不食"。"手中有粮，心中不慌"是历朝历代老百姓内心的真实写照。解决好吃饭问题，始终是治国理政的头等大事。历史上，我们国家通过各种方式鼓励生产，努力做到使老百姓丰衣足食，安居乐业。《淮南子》中记载："神农尝百草之滋味，水泉之甘苦，一日而遇七十毒"，富有牺牲精神的神农勇敢地用自己做试验，以避免更多人的生命受到威胁。

【链接】《齐民要术》是东魏农学家贾思勰写的一部农学名著。记述了黄河流域下游地区，即今山西东南部、河北中南部、河南东北部和山东中北部的农业生产，包括了农、林、牧、渔、副等部门的生产技术知识。著者在"序"中援引大量经典和历史故事，反复阐发"食为政首"的重农思想，强调"治国之本，在于安民；安民之本，在于足用"。把农业生产提到治国安民（"农为邦本"）的高度上来认识。只有农业生产发展了，人民的温饱问题解决了，才能"国富民安"。"食为政首"，是贯穿于《齐民要术》的主导思想。正如"序"中所说"起

贾思勰

自农耕，终于醢醢，资生之业，靡不毕书。"

18世纪后期，随着工业革命的到来，商业化的食品药品生产模式为"食品药品史"带来了翻天覆地的变化。食品添加剂和防腐剂等化学物质的产生不仅解决了食品的储藏问题，也大大改变了食品的外观、味道。在成功解决人类"吃饱、吃好"问题的同时，也为食品药品安全埋下了隐患。

19世纪，商家们为了利润，开始在食物中造假，他们用化学物质保鲜、掩盖食品腐烂的痕迹、伪造食品的颜色和纹理等，药品造假的程度更甚。到了19世纪末，食品药品的腐败问题已经达到了登峰造极的程度。

[链接] 19世纪，是假冒伪劣食品药品的黄金时代，商人不仅用化学物质掩盖已经变质的食物，还用新的化学技术伪造食品药品。比如，用一点褐色颜料加上一只死蜜蜂或者一点蜂窝，放到一罐实验室生产的葡萄糖里，就可以为厂商生产出廉价的"蜂蜜"；用硫酸铜使发蔫的蔬菜重新变绿；用苯甲酸钠使西红柿停止腐烂。还利用消费者读不懂药品标签或不懂药品专业知识来欺骗消费者，用任何看似药品的东西放进药瓶里销售。瓶子用光后，就用仿制的瓶子，销售的关键在于包装而不是药品，这些"药品"自然不具有任何疗效。

生命健康是人类上万年来所追求的最基本的权利。当最基本的权利受到侵害时必然会引起人们的反抗。食品药品的伪劣问题引起了社会公众舆论的强烈不满和抨击，19世纪下半叶，当时美国社会上出现了大量揭露实业界丑闻的文学作品，形成了近代美国史上著名的"扒粪运动"。

在这些作品中不乏诸如《丛林》、《屠场》等揭露食品药品黑暗作业的小说。小说中反映出的食品行业极其糟糕的卫生状况激怒了民众。这些小说也引起了美国当局对糟糕的食品药品行业的重视，促成了《纯净食品及药物管理法》的通过。《纯净食品及药物管理法》的通过和实施，不仅是行业的一次里程碑事件，同时也是世界食品药品从"野蛮史"到"文明史"的回归。

人民文学出版的美国作家辛克莱的小说《屠场》

> **小贴士**
>
> "扒粪运动"又称"揭丑运动"，19世纪末、20世纪初，控制美国经济命脉的经济巨头奉行"制药我能发财，让公众的利益见鬼去吧"的经营哲学，无视员工利益，引起社会的强烈不满和抨击，在1903年至1912年10年间出现了2000多篇揭露实业界丑闻的文章，形成了近代美国史上著名的"扒粪运动"。

在这之后的食品药品发展道路上，各国更加注重食品药品安全，比如，规定食品添加剂的种类和数量；要求检验添加到食品药品中化学物质对人体健康的影响程度；规定食品药品标签标示的基本信息；规定药品上市前必须进行临床试验等。世界各国对食品药品安全的重视不仅体现在法律法规等强制措施上，还体现在通过近年来日益流行的有机食品、绿色食品风潮，逐渐引导公众向更健康的饮食结构转化上。

[链接] 1906年，美国通过《纯净食品及药物管理法》后，一百多年内紧跟社会发展和科技进步的步伐，陆续又颁布了多项旨在保障食品药品安全的

法律法规，如《联邦食品、药物和化妆品法》、《食品质量保护法》和《公共卫生服务法》等综合性法规。2011年1月，美国总统奥巴马签署《食品安全现代化法案》。这是美国根据不断变化的现状对美国食品安全体系进行的又一次调整。100多年来，美国的食品药品安全体系在不断改进中日渐成熟。

不仅美国如此，世界各国都非常重视食品药品的安全性问题，比如，法国对食品供应源头实行严格的监控措施，产品上市要携带"身份证"，标明来源和去向，由计算机系统追踪监测。对食品标签、添加剂在内的各项指标都要进行严格的检查。德国食品的可追溯性原则也得到了很好的贯彻。以鸡蛋为例，每一枚鸡蛋上都标出生产地、养鸡场等信息，消费者可以根据信息进行选购。另外，德国还成立了食品召回委员会，专门负责问题食品的召回事宜。还有一些全球性的组织，如联合国粮食及农业组织、世界卫生组织等，他们的工作宗旨就是提高人民的营养水平和生活标准，使全世界人民获得尽可能高水平的健康。

> **小贴士**
>
> 美国食品药品监督管理局（Food and Drug Administration）是联邦政府的第一个消费者保护机构。不管政府执行什么样的经济政策，FDA的化学家和调查员的使命是确保企业提供无掺杂、无污染的食品和有效、安全的药品。

2. 最重要的民生工程

民生问题无国界。世界上所有的人，或在为生存而挣扎，或在为改善生活质量而努力，而解决民生问题也逐渐成为各国政府的一种公共服务，一种基本职责，一种施政的最高原则。英国的"公费医疗"、加拿大的"多层次福利体系"、韩国探索"劳资政三方合作"的再就业新模式……各国政府都把增进民生福祉作为社会发展进步的根本目标。

链接 国以民为本，社稷亦为民而立——孟子。孟子根据战国时期的经验，总结各国治乱兴亡的规律，提出了一个富有民主性精华的著名命题："民为贵，社稷次之，君为轻"。认为如何对待人民这一问题，对于国家的治乱兴亡具有极端的重要性。

中国共产党自诞生那一刻起，始终坚持全心全意为人民服务的根本宗旨，并不断赋予民生新的时代内涵。在不同的经济发展阶段，民生问题有不同的表现形式。建国初期，民生主要是生存和温饱问题；全面建设小康社会阶段，民生主要是生活质量和发展诉求问题；而今，在全面建成小康社会阶段，民生是满足人民更好的教育、更稳定的工作、更满意的收入、更可靠的社会保障、更高水平的医疗卫生服务、更舒适的居住条件等问题。党的十八大以来，党和政府坚持把民生工作和社会治理作为社会建设的两大根本任务，高度重视、大力推进。

食品药品安全事关人民身体健康、生命安全，理所当然是重大的民生工程。我国党和政府一直以来高度重视食品药品安全工作，把它作为解决人民最关心、最直接、最现实的利益问题来对待，时刻都不曾松懈。十八届三中全会报告将食品药品安全纳入了"公共安全体系"，要求完善统一权威的食品药品安全监管机构，建立最严格的覆盖全过程的监管制度，建立食品原产地可追溯制度和质量标识制度，保障食品药品安全。李克强总理在2014年《政府工作报告》上指出："建立从生产加工到流通消费的全过程监管机制、社会共治制度和可追溯体系，健全从中央到地方直至基层的食品药品安全监管体制。严守法规和标准，用最严格的监管、最严厉的处罚、最严肃的问责，坚决治理餐桌上的污染。"

📺 链接 2013年1月23日，国务院食品安全委员会第五次全体会议强调，食品安全是关乎人的重大基本民生问题，要正确认识当前我国食品安全形势与阶段性特征，加快建立健全食品安全长效机制，加强政府职能转变与职能整合、明晰责任，工作重心下移，决不回避矛盾，抓"牛鼻子"、碰"硬骨头"，依法重点治乱绝不手软，筑牢食品安全防线，确保人民群众"舌尖上的安全"。

食品药品安全也是重大的经济问题。食品药品是国民经济的重要支柱产业，仅食品工业就占全部工业总产值的10%左右，我国13多亿人口有着其他任何国家都无法比拟的市场优势，越来越大的食品药品消费需求，只要做到食品药品质量可靠、安全有效，它将成为拉动内需的强大动力；反之，如出现问题，必将影响相关产业的发展，最典型的例子就是三聚氰胺奶粉事件，重创了奶牛养殖业和乳制品加工业。

党的十八届三中全会把食品药品安全上升到涉及国家安全战略的重大政治问题。在信息化和媒体社会化程度日益扩大的今天，食品药品安全问题具有显著的放大效应。一旦出现事件，哪怕是个别的、偶发的小事件，也会在国内外社会迅速传播扩散，成为公众关注的热点、媒体聚光的焦点，如果应对不力，处置不当，个别问题、局部问题就会演变成为全局性的问题，酿成重大的公共危机，将直接影响政府的公信力，损害党的执政基础，带来严重的政治后果。

📺 链接 2013年12月23日，习近平在中央农村工作会议上指出：食品药品安全社会关注度高，舆论燃点低，一旦出问题，很容易引起公众恐慌，甚至酿成群体性事件。毒奶粉、地沟油、假羊肉、镉大米、毒生姜、染色脐橙等事件，都引起了群众愤慨。再加上有的事件被舆论过度炒作，不仅重创一个产业，而且弄得老百姓吃啥都不放心。"三鹿奶粉"事件的负面影响至今还没有消除，老百姓还是谈国产奶粉色变，出国出境四处采购婴幼儿奶粉，弄得一些地方对中国人限购。想到这些，我的心情就很沉重。

能不能在食品安全上给老百姓一个满意的交代，是对我们执政能力的重大考验。我们党在中国执政，要是连个食品安全都做不好，还长期做不好的话，有人就会提出够不够格的问题。所以，食品安全问题必须引起高度关注，下最大气力抓好。

3. 监管一刻都不能松懈

保障公众饮食用药安全反映了党和国家的执政水平，是对一个政府和政党执政能力的重大考验。如何在保障食品药品安全方面真正做到"为人民服务"，我们党和政府一直以来不曾懈怠。近年来，更是将食品药品安全工作逐步纳入了各级政府的绩效考核体系中。

2013年新一届政府成立以后，立即启动食品药品监管机构的改革和职能转变。第一个通过的"三定"方案就是国家食品药品监管总局的"三定"方案；第一个通过的文件就是《国务院关于地方改革完善食品药品监管体制的指导意见》。从建国初期卫生部下设的药政处，到1998年成立的国家药品监督管理局，再到2003年组建国家食品药品监督管理局，直到2013年新组建的国家食品药品监督管理总局，一次次的改革，逐渐改变了以往食品药品"九龙治水"的混乱局面，打破了既有重复监管，又存在监管"盲点"，不利于责任落实的食品药品安全监督管理体制机制，进一步提升了食品药品监督管理能力和水平。一次次的改革体现了党和政府对食品药品安全监管体制和机制改革的勇气和决心，也充分体现了党和政府"全心全意为人民服务"的责任担当和使命感。

【链接】2012年6月23日印发的《国务院关于加强食品安全工作的决定》（以下简称《决定》）提出了我国食品安全的阶段性目标，计划用3年左右的时间，使我国食品安全治理整顿工作取得明显成效，违法犯罪行为得到有效遏制，突出问题得到有效解决。《决定》首次明确将食品安全纳入地方政府年度绩效考核内容，并将考核结果作为地方领导班子和领导干部综合考核评价的重要内容。

根据第十二届全国人民代表大会第一次会议审议的《国务院关于提请审议国务院机构改革和职能转变方案》的议案

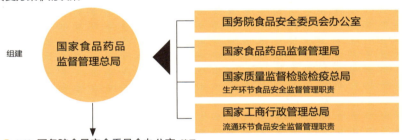

国家食品药品监督管理总局组建示意图

2014年国务院政府工作报告中提出：建立从生产加工到流通消费的全过程监管机制、社会共治制度和可追溯体系，健全从中央到地方直至基层的食品药品安全监管体制。严守法规和标准，用最严格的监管、最严厉的处罚、最严肃的问责，坚决治理餐桌上的污染，切实保障"舌尖上的安全"。

链接 2013年国务院机构改革和职能转变，将食品安全办的职责、食品药品监管局的职责、质检总局的生产环节食品安全监督管理职责、工商总局的流通环节食品安全监督管理职责整合，组建国家食品药品监督管理总局。主要职责是对生产、流通、消费环节的食品安全和药品的安全性、有效性实施统一监督管理等。将工商行政管理、质量技术监督部门相应的食品安全监督管理队伍和检验机构划转食品药品监督管理部门。

——检验是质量安全的"试金石"

"检验"也即"检查验证"。是通过观察和判断，适当时结合测量、试验所进行的符合性评价。从古时代的"神农尝百草"到现今依靠多种技术手段进行的检查验证，检验是人类使用产品前必不可少的一步，是人类为了保障生命健康安全所采取的必然措施，也是保障产品质量的最后一道防线。检验活动伴随着人类的产生而产生，并广泛应用于人类生活中。

1. 守好质量安全的防线

"检验"这个词，中文最早出现在《三国志·魏志·胡质传》中，"质至官，察其情色，更详其事，检验具服"一语即包含了对事物的检查和验证。

检验活动伴随着人类的产生而产生，并广泛应用于人类生活中。古希腊科学家阿基米德利用浮力原理检验王冠质量；17世纪，著名的马德堡半球试验，通过设计直观的实验方法，生动验证了大气压的存在；中医常提到的"验方"则是经过上千年的长期临床反复使用而被验证有效的方剂等等……在我们日常生活中，检验更是无处不在，比如：品尝食物是对食物口感的鉴定，具有检验的性质；购买商品精挑细选，是用户对商品的检验；产品出厂检验是企业对所提供产品和服务质量的检验；工商和质监部门对商品的检验是第三方对商品质量和市场秩序的检验；医生诊断患者疾病，或是借助仪器进行化验，是医学检验；防疫部门对动植物病害进行检查是农林牧检验；海关对进出口物品和动植物的检验不仅是预防性检验，也是把守国门的强制性检验。

📹 链接 根据检验范围，检验分为医学检验、质量检验等，根据检验性质分为破坏性和非破坏性检验，根据检验对象还能分为原材料检验、半成品检验、成品检验、商品检验等等。由于"检验"领域广，不同领域的检验活动具有不同特点，检验目的、性质和关注重点都各不相同，但"检验"各种定义中所包含的基本要素是一致的，包括了检验对象、标准要求、比较判定等。

我们的衣食住行，样样离不开检验，对于直接摄入人体内的食品药品而言更是如此。检验可以通过所获得的数据和信息及时掌握每个生产阶段产品的质量状态，包括不合格产品和质量不达标的产品，为产品使用把好质量关。

检验就是质量安全前行的"轨道"，让产品质量在轨道内有序运行

📹 链接 **最后的一道防线在哪里？**

2014年4月11日，西北某市突发自来水苯超标事件，政府通报未来24小时居民不宜饮用自来水。经调查，系该市石化公司一条管道发生原油泄漏，污染了供水企业的自流沟所致。经过有关部门紧急采取措施，受到污染地区的自来水苯含量已于12日中午大幅下降。14日，该市已逐渐解除应急措施，全市自来水恢复正常供水。

事实上，这起污染事件能够被发现是因为一次随机例行的水质检测。也就是说，如果没有这次例行的水质检测，市民也许就要在不知不觉当中喝上几个月的有毒的自来水，甚至一直喝下去。检验对质量安全的保护作用凸显无疑。如果这最后的一道防线倒了，有毒有害的东西不管是水还是食品甚至是空气，都能够畅通无阻了。

水污染事件中，市民排队接取安全饮用水

2. 科学检验引航事业发展

作为现代文明的重要表征，人类只有坚持科学精神、掌握科学技术、善于运用科学真理，才能促使自身走向更美好的明天。随着科学技术成果在人类生产生活中的广泛应用和全面渗透，对相关技术手段和成果的检验变得愈发不可或缺。科学检验已成为影响科技的普及、进步和公信的重要环节，更是维系和保障人们日常生活安全、健康的基本手段。社会对科学检验的要求一方面是相应的技术设备、检验标准、环境条件和检验工作者等有形的物质条件和基础的充分具备，另一方面更是对实践检验的行为主体——检验工作者的技术素养、职业道德、社会责任等无形的精神方面的品质与态度提出了高标准的要求。检验工作者的品质、品格、态度等构成了检验精神，科学检验则是科学精神在检验技术中的诠释，是科学精神的普遍性、共性在食品药品检验中的重要表现。

科学检验以科学发展观为理论基础，把食品、药品质量安全检验作为核心，以技术检验为手段和支撑，是检验的"安全阀"，它能促使检验工作者始终秉持"科学、独立、公正、权威"的态度对待检验工作，解决食品药品安全监管中的热点、难点问题，让食品药品更好地为社会、为人民服务。

🎥 链接　　**地沟油快速筛查试剂盒亮相　10多分钟出结果**

"地沟油"检测是一道世界性难题。2013年3月15日，10台"地沟油多参数综合快速筛查试剂盒"亮相四川，并将分别装备到四川省食药监系统和绵阳、德阳等9个市州。它能在10多分钟内使"地沟油"现形。目前这种检测办法正在试验"试纸版"，一旦研发成功，对"地沟油"生产者将是极大的震慑。两瓶真假"地沟油"，让十多位又观颜色、又闻味道的专家都不能确定真假。20分钟后，真正的那瓶"地沟油"就在一台仪器面前现出原形。

亮　相

2013年3月15日上午，四川省食品药品监督管理局开展"地沟油"快速检测培训。培训课上，10台快速初筛"地沟油"的仪器亮相。记者看到，培训讲师选取了两瓶不同的样品，其中一瓶为掺杂有"地沟油"的食用油，另一瓶则是正规的食用油。

将两瓶样品放在一起后，包括食品药品检验所专家在内的大多数人根本无法鉴别真伪。"我们平时遇到也很头疼。"泸州市食品药品检验所的检验员说，地沟油来源复杂，混入成分不一，且有的经水洗、蒸馏、脱色等加工处理，或与食用植物油掺兑，很难通过感官分析和一些理化指标进行区分，常规性检测指标基本无效。

就在大家拿这两瓶颜色一样的油毫无办法时，培训讲师开始了试验。老师用吸管各在两瓶油中取了9滴油，分别加入一个方形玻璃管中，并用力摇匀。随后，将玻璃管放入沸水中。

记者发现，沸水中两管油的颜色逐渐发生变化，其中一只呈红色。10分钟后，老师开始用装有纯净水的玻璃管在仪器上校零，再将沸水中的两只玻璃管置于已校零的仪器上，一只显示"阳"字，而另一只显示"阴"字。显示"阳"字的即为地沟油。

记者了解到，这台仪器名为"地沟油多参数综合快速筛查试剂盒"。去年5月，卫生部从300多项检测方法中，确定了7种有效的"地沟油"检测方法，其中3种为快速检测法，而筛查盒就是其中之一。

期待"试纸版"面世。快速筛查"地沟油"，"试纸版"进入研发阶段，这无疑是一个喜人的消息。此前，因为"地沟油"成分复杂，一度被视为一道无解的世界性难题。但随着越来越多的研究，或许在不久的将来，我们在外出就餐时，从兜里掏出一片"试纸"，几分钟后就能查出是否有"地沟油"。（华西都市报）

3. 检验机构是安全的技术保障

小贴士

《中华人民共和国药品管理法》第六条规定，药品监督管理部门设置或者确定的药品检验机构，承担依法实施药品审批和药品质量监督所需的药品检验工作。

如果说古代对食物的"尝试"是最原始的检验的话，那么现在依靠现代化科技手段对食品药品的检验就是一种更专业、更科学的验证。科学技术的发展使食品药品的组成也更加复杂，保障其安全性也需要更专业的人员、更精湛的技术和更科学的方法。食品药品检验机构——对食品药品安全进行检验的专业机构的诞生是在社会发展和科技进步的催动下产生的，是时代发展的必然要求。

链接 20世纪初，美国经历了许多重大的药品安全事件。如20世纪30年代的磺胺（Sulfanilamide）事件造成近百名婴儿死亡，50年代的氯霉素（Chloramphenicol）事件造成一千多人死亡，60年代的反应停（Thalidomide）事件造成世界范围的几千名新生儿畸形，80年代上市的Tambocor、Enkaid等药品造成数万人死亡以及90年代的拜斯亭（Cerivastatin）事件造成数十人死亡等等事例。此外，美国也曾遭遇过大量的假冒伪劣食品和药品安全事件，药害事件促使立法机构制定法律，政府加大监管力度，也让公众增强了饮食用药的安全意识，对美国乃至世界范围的食品药品监管都产生了深远的影响。1938年，美国国会通过《食品、药品和化妆品法》，由此开启了FDA对食品、药品、医疗器械等产品的监管检验历史。

时至今日，我们的食品药品监管体制、机制日趋完善，形成了食品药品检验机构、不良反应监测、认证管理等多个技术监督部门。在这些技术监督的部门中，食品药品检验机构无疑是其中坚力量。食品药品检验机构是国家食品、药品、保健食品、化妆品、医疗器械监督保障体系的重要组成部分，是实施食品药品质量技术监督检验的法定机构。食品药品检验机构的检验，主要包括产品注册检验、抽查检验、委托检验和复检等几种类型。同时，还承担为企业提供技术指导和技术服务的职责。从食品药品检验机构的职能来说，最关键的是对食品药品质量安全把关，为保证公众饮食用药安全提供科学的技术数据，从而为监管提供技术支撑。检验工作的目的是通过严格把关，发现存在的问题并防患于未然。可以说，检验是食品药品质量安全的坚固防线。

目前，我国已经建立了较为完整的国家、省、市、县四级食品药品行政监管体系，构建了以药品注册审评、标准制定、检验检测、不良反应监测、GMP、GSP认证等为重点的技术支撑体系。

> **小贴士**
>
> 　　药品生产质量管理规范（简称药品GMP）是现今世界各国普遍采用的药品生产管理方式，它对企业生产药品所需要的原材料、厂房、设备、卫生、人员培训和质量管理等均提出了明确要求。实施药品GMP，实现对药品生产全过程的监督管理，是减少药品生产过程中污染和交叉污染的最重要保障，是确保所生产药品安全有效、质量稳定可控的重要措施。
>
> 　　药品经营质量管理规范（简称药品GSP）是指在药品流通过程中，针对计划采购、购进验收、储存、销售及售后服务等环节而制定的保证药品符合质量标准的一项管理制度。

食品药品监管工作必须牢牢依靠检验这支技术队伍，强化技术支撑，充分发挥检验机构的技术优势，完善检验和风险监测体系，提高风险预警、危害控制和应急处置水平，从而切实提高监管效能。

[链接] 检验是食品药品上市的"通行证"。食品药品安不安全、合不合格，只有检验了才知道。任何一种食品药品的上市流通都要经过国家食品药品监管总局的批准并取得批准文号，而取得批准文号均需要进行样品的检验，以确定药品的质量是否符合规定。因此，只有检验合格的食品药品才能够取得上市的"通行证"。

检验是市场打假的手段和依据。检验不仅是食品药品发放上市"通行证"，同时还是市场上打假的依据，充当着"铁证"的角色。无论是消费者服用了某药品出现了不良反应，还是食品药品监管部门的工作人员在市场上发现的"问题食品药品"，都不是判断药品是否合格的指标是否合格需要专业检测机构——食品药品检验机构出具的质量检验结果才能证明。

检验还有"风险预警"的作用。食品药品不同于一般的商品，即使是出厂前经检验合格，在流通过程中也可能会由于运输、贮藏不当等原因影响质量安全。通过对已上市的食品药品进行抽查检验，能够发现一些质量问题的苗头，提前加以解决，从而起到风险预警的作用。检验是发现风险的探测器。

虽然，当前我国食品药品安全形势总体稳定向好。但我国食品产业量大面广、发展水平参差不齐，药品领域高科技造假等问题也比较突出，这就要求我们必须依靠科学技术进行有效规避和化解风险。特别是食品药品监管体制改革后，监管部门任务更加艰巨、责任更加重大。检验是食品药品安全的基石，是监管工作必须始终依靠的技术力量。

【链接】 食品药品检验机构在集中整治肉类产品掺假售假违法违规行为、保健食品"打四非"、药品"两打两建"等重点领域突出问题的专项整治行动中，研究和应用有针对性的鉴别与检查技术，提供技术识别需求，有力地配合专项整治，解决了突出问题。在应对H7N9禽流感、"4.20"芦山地震和一系列食品药品突发事件中，配合总局在第一时间发布应急抽验信息，及时有效地遏制了相关事件在猜疑中发酵蔓延，稳定了公众情绪。

19

——食品药品检验工作者是生命安全的守护者

食品药品检验关乎人民饮食用药安全，这一神圣使命责无旁贷地落在了食品药品检验工作者身上。正如马克思所说：如果我们选择了最能为人类谋福利的职业，那么，我们就不会被沉重的负担所压倒，因为这是为一切人所做的牺牲；那时，我们得到的将不是可怜的、有限的和自私自利的欢乐，我们的幸福将属于亿万人。

1. 食品药品检验工作者的使命担当

思想源于实践，行为影响习惯。食品药品检验工作者承载着食品药品质量安全把关的神圣责任，这一客观使然，长期浸润着他们的思想意识，并经过潜移默化的影响，形成食品药品检验工作者坚守使命的思维习惯、思想意识、思想自觉，最终固化为内心深处恪守使命的担当精神。由此，食品药品检验工作者在使命感的感召下，不断培育了使命担当意识，即主观上主动作为，客观上勇于负责。这一自觉的使命与担当，永葆"中国药检"生命活力。

> **小贴士**
>
> 思维习惯是指一个人在日常生活中思考问题时所偏爱的一种方式和方法。思维习惯决定着我们的思想和行为；思想意识是指人将大脑存储的知识作用于思考生命存在的各种感受的活动；思想自觉是指在思想上自己有所认识而自觉主动。

2. 检验实践的行动自信

自信是一种反映个体对自己是否有能力成功地完成某项活动信任程度的心理状态，它源自于对目标的始终坚持和自我价值的认定。食品药品检验工作者的行动自信是指对检验结果的自信，它的自信来源于守护人民生命安全目标的实践，来源于使命感、光荣感、荣誉感，来源于对这种文化价值的认同。同时，食品药品检验工作者的行动自信也来源于可靠的检验能力、规范的实验室管理。这样一种行动自信，承托起我国食品药品检验工作者为人民服务的历史重担，书写出60多年来光辉的历史篇章。

[链接] 有位哲人说过："一个人，从充满自信的那刻起，上帝就在伸出无形的手在帮助他。"这个世界有上帝吗？有，上帝就是你的自信心！自信是一种美妙的生活态度。所以只要我们有自信心，它就会激发我们的生命力量，这种力量如同火，可以焚烧困难，照亮智慧。食品药品检验工作者的行动自信让每一位工作人员勇于承担起为人民服务的历史重担。

3. 时代召唤理念创新

社会主义核心价值体系的总结形成，既适应了我国当前深化改革的需要，也适应社会多元化形势下人们对精神追求的需要。时代呼唤我国食品药品检验系统总结一套检验为民的理念体系以引领食品药品检验事业发展。"中国药检"走过的60多年的光辉历程，留下了许许多多浓墨重彩的光荣与梦想，沉淀了宝贵的精神财富。这些宝贵的精神财富是"中国药检"文化的重要内容，需要不断的传承与发扬。新形势、新任务，要求食品药品

> 小贴士
>
> 精神，在哲学范畴里，是指人体对现实物质的记忆及思维意识对此记忆的演绎；生物医学上，指人的精气元神；社会学中指人的意志，意识的升华。

检验工作者不断适应维护人民生命安全的需要，总结、整理、升华精神财富，突出理念创新，更好地指导食品药品检验生动实践。

📹 链接 2013年12月13日至31日期间，湖南、广东、四川等地报告了17个接种深圳康泰产乙肝疫苗后死亡的病例。此次"多地多位婴儿疑似接种乙肝疫苗致死事件"，引发了公众、社会舆论对国产疫苗安全性的恐慌性质疑。据中国疾控中心对10省份的免疫规划内疫苗接种率应急监测显示，事件发生以来近1个月，乙肝疫苗的接种率下降了30%左右，其他疫苗的接种率则平均下滑15%。这让政府和疾控部门非常担心，如果公众对国产疫苗质量失去信心，放弃接种疫苗，会导致几代人努力建立起的人群免疫屏障"失守"。国家食品药品监督管理总局、国家卫计委联合对乙肝疫苗公共事件开展调查，并邀请世界卫生组织的疫苗专家参与调查。中国食品药品检定研究院于2010年至2013年，共对康泰申请批签发的346批乙肝疫苗进行了资料审核和检验，结果均符合规定，且各批次之间数据具有较好的一致性，表明生产工艺成熟稳定。在乙肝疫苗市场抽验中，抽取样品全部进行了全项检验，结果均符合规定。综合这些检验结果和数据回顾分析情况，2014年1月3日，国家食品药品监督管理总局、国家卫计委对乙肝疫苗公共事件的调查情况进行联合通报：未发现康泰公司生产的乙肝疫苗存在质量问题；疑似因接种致死病例中，9例已明确诊断与接种疫苗无关，其他8例初步诊断也与接种疫苗无关；呼吁公众对国产疫苗恢复信心。在2014年全国药品医疗器械检验检测电视电话工作会议上，时任中国食品药品检定研究院院长李云龙指出：在乙肝疫苗的应急检验中，"中国药检"为国家卫计委、国家食品监管总局科学准确处理乙肝疫苗事件发挥了关键作用。

生命可贵，如果是因为疫苗生产厂家的责任造成事故，必须对他们要严厉处罚，追究法律责任法理所在。但经过严谨、细致的检验，产品质量符合国际质量标准，这一案例反映出检验在公众事件中要做到理性、客观、公正、公平，体现出检验机构的对检验结果的高度负责和自信。

第二章

检验为民 —— 中国药检"根"和"魂"

检验为民理念从必然王国走向自由王国……服从与服务，精华在于"自觉"……引领检验事业的正确航向……

确保人民群众饮食用药安全是中国梦不可或缺的重要部分。检验为民的过程就是人民群众饮食用药安全梦落地生根的过程。检验为民理念应该也必须贯穿食品药品检验的全部环节、全部过程，它是科学检验精神的核心。

——破茧化蝶：检验为民理念翩翩舞动

检验为民理念不是"无土培植"，更不是天外来物，它深深植根于检验实践土壤之中，是我国食品药品检验系统60多年来凝聚而成的宝贵的精神财富。

小贴士

《辞海》（1989）对理念的解释有两条，一是看法、思想，思维活动的结果；二是观念，通常指思想,有时亦指表象或客观事物在人脑里留下的概括的形象。事实上，人类以自己的语言形式来诠释现象——事与物时，所归纳或总结的思想、观念、概念与法则，称之为理念。

1. 理念的孕育与长成

各级食品药品检验机构在多年的检验实践中，逐渐沉淀和凝结了许多检验为民的好思想、好形式和好方法，形成了富有特色的食品药品检验精神，播下了"检验为民"价值理念的种子。食品药品检验机构在文化建设中价值理念的探索足以印证。

[链接] 北京市药品检验所在检验实践中提出"践行首都精神，弘扬药检文化"的理念，将首都精神与检验为民的理念相融合，寻求在有限的人力、物力、资源与不断增长的业务量的矛盾中拓展、深化和突破。树立"大北京、大药检、大服务"的理念，坚持党建与业务一起抓、质量与效率一起抓，充分调动和整合各方面的资源，形成共同推进的整体合力，满足药品监管、医药产业和人民群众多层次多样化的服务需求。以厚德的品质坚持全心全意服务人民用药安全的宗旨，通过采取各种服务活动，推动窗口前移，广泛传扬药检文化，倡导安全用药，"让药检走向社会，让社会了解药检"，取得了突出的社会效果，也是检验为民的理念在首都药检的探索与践行。

北京市药品检验所宣传卡

山西省食品药品检验所则通过"融入式党建"和"研究型检验"的探索来践行检验为民、服务监管。他们坚持党的建设为检验工作提供组织保证，把党建和思想政治工作充分融入、渗透、贯穿、体现到食品药品质量监管和检验的全过程和全方位，找到检验为民的着力点和支撑点。他们创造性地形成了一套以"一保四化"为重点的"融入式党建"模式，就是在全力保证上级党组织重大部署和重点任务落实到位的前提下，着力探寻和把握党务、政务、业务、事务四者之间的对应点和契合点。同时山西省所还提出"研究型检验"理念，把原先的"接到检品查标准，对照标准做检验，做完检验发报告"的"检验匠"、"熟练工"模式提升为创新检验模式、突出技术研究，实现业务工作由单纯型检验向研究型检验转变，从而达到保障公众饮食用药安全，确保检验为民的实现。

大连市食品药品检验所把"服从服务于监管、科学检验争一流"作为机构的文化理念，紧紧围绕食品药品检验主线，以软环境建设为切入点，以服务对象为中心，以企业和群众满意为标准，加强内涵建设、拓展对外交流与合作，立足抓好行业风气，重点解决工作作风和服务态度方面的问题，努力实现工作作风明显改进、服务态度明显改善、服务环境明显优化、服务质量明显提高。

解放军总后卫生部药品仪器检验所以《军队基层建设纲要》为指导，积极推进军事文化建设，强化部队药品检验队伍的理念培育。始终把为广大官兵用药安全"把好关、服好务"作为首要任务，坚持"公正、科学、严谨、规范"的质量建设方针，以"坚定信念、筑牢军魂，永远做党和人民的忠诚卫士"的思想政治教育保障全军药检队伍战斗力。

中国食品药品检定研究院（以下简称中检院）充分发挥系统的引领带动作用，在对全国食品药品检验系统业务指导的同时，强化理念引领，提出了"一切为了人民生命安全"的系统精神。在2012年度全国食品药品医疗器械检验检测年度工作会议上，时任中检院院长的李云龙在工作报告中提出了在全国食品药品医疗器械检验系统确立和实践"为民、求是、严谨、创新"的科学检验精神的工作要求。至此科学检验精神得以总结提出，并在食品药品检验系统的实践中不断丰富和发展。

链接 2011年12月28日，时任中国食品药品检定研究院院长的李云龙在2012年度全国食品药品医疗器械检验检测年度工作会上作了《确立科学检验精神，引领食品药品检验事业科学发展》的工作报告，正式提出"为民、求是、严谨、创新"的科学检验精神。2012年第6期《求是》杂志发表《积极践行科学检验精神》的署名文章。2012年8月，在全国食品药品检验系统征集科学检验精神研究课题，在全国广泛开展科学检验精神课题研究。2013年在中检院《学科带头人基金》中确立了"科学检验精神课题研究"基金课题，共29个子课题。全国系统积极响应，系统内及相关科研高校等53个机构和332人次参与了课题研究，共收到初稿146篇，83篇入选子课题。至2013年底，29个子课题全部验收结题，课题成果共60余万字，发表论文20多篇。

2014年3月，科学检验精神研究课题总结会在北京召开

从全国各级、各地食品药品检验机构自发、自觉的理念探索到中检院代表系统提炼和升华的以"为民"为核心的科学检验精神，它源于实践，高于实践，在检验实践中不断丰富、完善和发展，并指导检验实践。检验为民理念总结与凝练，是从"必然王国"走向"自由王国"的必然过程。

必然王国是指人们在认识和实践活动中，对客观事物及其规律还没有形成真正的认识而不能自觉地支配自己和外部世界的一种社会状态；自由王国则是指人们认识了客观事物及其规律并自觉依照这一认识来支配自己和外部世界的一种社会状态。

2. 理念的内涵要义

检验为民理念的思想渊源来自于人文精神的传承，以人为本原则的宣示，为人民服务宗旨的践行，具有丰富的内涵和强大的生命力，是社会主义核心价值观在食品药品检验系统的具体体现，是我国食品药品检验工作者的事业信条和价值追求。

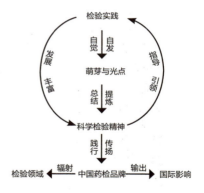

检验为民理念的内涵：

基本前提是一切为了人民生命安全。

本质特征是服从监管需要、服务公众健康。

第一信号是食品药品安全监管需求。

根本方法是科学检验。

客观保障是独立、公正。

衡量标准是工作准确、客户满意、公众感动。

检验为民理念是科学检验精神的核心，是"中国药检"文化品牌的核心价值观，是"中国药检"品牌的根本支撑，是我国食品药品检验系统的"根"和"魂"。

这些内涵构成检验为民理念完整体系。

检验为民理念体系就像是一幢大厦，有牢固的基石、坚实的支柱、厚重的墙体和连接行业内外的通道。

一切为了人民生命安全作为检验为民的基本前提，是理念体系大厦的基石。它是检验工作必须坚持的根本出发点和落脚点，是食品药品检验机构生存、发展的价值和意义所在，统领"检验为民"的理念体系。

自觉服从监管需要——为国把关；自觉服务公众健康——为民尽责，是检验为民的本质特征，是理念体系"大厦"的坚实支柱之一。这两个"自觉"既是检验为民的职责所系，更是食品药品检验机构履行职责过程中，为民意识的本源选择。

科学检验作为检验为民的根本方法，是理念体系大厦又一坚实支柱。检验数据和结果的真实、准确，源自于尊重科学规律和专业技术规律，源自于科学的检验实践。科学数据不受主观意志左右，科学数据神圣不可侵犯。

独立、公正作为检验为民的客观保障，是理念体系大厦厚重的墙体。只有独立，才能确保公正，只有做到独立和公正才能维护科学检验的权威性和公信力，保证检验数据不受任何外力所干扰。

食品药品安全监管是保障人民饮食用药安全的必要手段和有效途径。"监管需求"作为检验为民的第一信号，是理念体系大厦连接内外部的通道。只有把监管需求作为检验为民的第一信号，

> **小贴士**
>
> 自觉，是指自己有所认识而主动去做，自己感觉到，自己有所察觉。自觉即内在自我发现、外在创新的自我解放意识。它是人类一切实践行为的本质规律，是创造自我的基本规律，表现为对于人自我存在的必然维持与发展。

才能及时、迅速地了解监管形势，为食品药品安全监管提供有针对的技术支持，保障监管效率和成果。同时，作为食品药品检验机构，要根据自身职能，发挥好技术支撑作用，做好监管的技术支持、市场的技术监督、安全的技术保障、产业的技术服务等工作。

"中国药检"文化是我国食品药品检验事业发展的灵魂，它孕育出"中国药检"品牌。检验为民理念是"中国药检"文化的核心要素，是"中国药检"品牌的根本支撑，而"中国药检"品牌则是检验为民理念最高层级的形象展示，是公众熟悉、认同、传递中国药检"好声音"的扬声器。

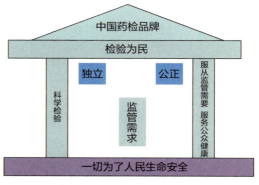

"检验为民"理念体系大厦示意图

3. 检验为民的衡量标准

检验为民的能力、水平怎样，质量又如何？如何判断和评价检验为民的质量和水平？检验为民的衡量标准用一句话概括，那就是"工作准确、客户满意、公众感动"。

工作准确要求各个检验环节都要做到规范、科学，检验数据准确、可靠。首先要求检验机构要有过硬的技术能力。当前，食品药品安全问题多发，高科技、新技术造假手段往往是"道高一尺、魔高一丈"，不但公众难以辨别，就是检验机构也往往是后知后觉，被动应战，这就要求食品药品检验机构要加强能力建设，提高检验技术，只有具备了强大的技术能力，才能从容应对不法分子的挑战，才能拥有支撑行政监管、保障食品药品安全的基本能力。其次要遵循规范、追求科学。食品药品检验必须坚持依法从检、公正检验原则,严格遵守相关法律法规、技术和管理规范,保障检验工作的质量和成效。第三是确保检验数据的准确可靠。在建设过硬的技术能力和确保检验环节科学性的前提下,必须保持检验工作的独立性、权威性和公正性,树立我国食品药品检验的公信力,不断提升检验为民的质量和水平。

客户满意是衡量工作质量的重要标尺。客户是工作服务的对象,食品药品检验机构作为专业的技术服务部门,客户是行政监管部门、企业,是人民群众。要让客户满意,就要求牢固树立为民服务意识。一方面加强精神文明建设,不断提高检验队伍思想道德素质和科学文化素质,大力倡导检验的职业操守。另一方面不断提高服务能力建设,坚持服务政府监管科学高效、服务医药经济健康发展、服务人民群众饮食用药安全有效,提升服务监管、服务公众、服务社会的能力和水平。

让公众感动可以说既是检验工作质量的衡量标准,也是检验工作追求的最高境界。这一目标的实现,不仅在于工作硬指标的达成,更在于营造氛围、升华境界的软环境的搭建之上。检验软环境的搭建有以下两个因素值得我们用心。其一在检验机构内部建设一个健康、积极的良好氛围,感染周边环境。检验集体中的每个人都能感受到这一文化氛

小贴士

"公众感动"既是公众对检验服务质量的感激,更是对检验工作中所展现的检验为民理念和食品药品检验工作者精神面貌的认同。它是在确保工作无差错,实现客户满意的基础上对检验工作提出的更高追求,是我国食品药品检验工作者与公众心与心交流的过程。

围的感染，感受到自己所肩负的使命，时时提醒自己不忘职责。使检验职能的履行变成检验工作者自发自觉的行动。通过软环境建设和自发自觉的行动感染、影响周边的环境。其二要在大检验中体现微关怀。食品药品检验可以说是关系人民群众生命安全的大检验，但体现在检验的具体过程中，它又可以是具体的检验流程和环节。因而在检验工作中，用心思考、用心关注公众的检验需求，在细微处，恰到好处地传递我们检验贴心的微关怀。在这种软环境的熏染之下，公众在感受、体验到这种环境氛围的时候，对食品药品检验的认同感和信任感油然而生。

食品药品检验所党员
重温入党誓词

——相生相成：两个"自觉"揭示理念真谛

自觉服从监管需要、自觉服务公众健康应该成为我们食品药品检验工作的宗旨。其基本要求是"自觉"二字，它揭示出检验为民的应有之义，是检验为民理念的本质特征。

1. 服从与服务，二者不可偏废

服从监管需要、服务公众健康，服从与服务相生相成、不可偏废，这是食品药品检验机构社会角色所决定的。

服从监管需要是食品药品检验机构存在、发展的基础和前提，服务公众健康则是检验的根本出发点和落脚点。把两者统一于食品药品检验实践，这是检验为民的要义。

2. 自觉服从监管需要——为国把关

自觉服从监管需要就是要满足和适应政府的监管需要，把监管需要作为第一信号，第一选择。要满足监管的需要，就是要不断提高自身能力建设，忠实履行好检验的法定职能，圆满完成政府交给我们的任务。近年来，食品药品监管形势日益复杂，为了适应政府监管形势需要，检验机构要不断完善和拓展检验领域及业务范围，对食品药品全过程介入，关口前移，在各个监管环节发挥技术支撑作用。

自觉服从监管需要，就是为国把关。要求我们主动适应改革发展稳定大局，主动适应政府监管部门需要，克服单纯为检验而检验观念，在各个层级和层面上，为国把关，发挥积极的技术支撑作用。

检验工作者在做毒理实验

3. 自觉服务公众健康——为民尽责

自觉服务公众健康，就是要把一切为了人民生命安全作为食品药品检验机构和检验工作者工作的出发点和落脚点，自觉地把人民群众饮食用药安全放在心中最高的位置。

自觉服务公众健康，就是为民尽责。在日常工作中要自觉维护好公众健康利益，保障公众的饮食用药安全不受侵害，树立"中国药检"爱国为民的良好形象。要坚持党的群众路线，深入群众，问政于民、问需于民，把满足群众需要作为检验工作的第一要素，把维护群众食品药品安全利益作为检验工作的第一选择，把群众满意作为衡量检验工作质量的第一标准。

食品药品安全知识宣传走进田间地头

——嬗变释能：理念传递正能量

检验为民理念是全国食品药品检验系统第一次全面、系统、深入的关于检验领域价值理念的研究成果之一，一经提出，引起强烈反响。任何价值理念均源于实践，科学的价值理念，正确地反映了客观事物的本质及规律，并对实践活动予以理性引导。检验为民理念不仅凝聚了食品药品检验系统整个团队的精神与文化内核，而且成为中国食品药品检验事业持续发展的动力源泉。

1. 引领食品药品检验系统发展路径

"检验为民"引领检验能力建设。党的十八大和十八届三中全会对食品药品监管工作提出了新思想、新论断和新举措，将食品药品安全监管纳入了"公共安全体系"，并提出了建立"统一权威"机构和"全过程"监管制度。这就要求，第一，检验机构在检验为民理念的引领下，充分认识改革发展的新形势，深刻认识检验体系的重要地位和核心作用，通过深化体制改革和制度创新，建立健全系统完备、布局合理、技术过硬、科学规范、运行高效的检验体系，不断提升检验工作的统一性、权威性和公信力。第二，要继续争取各级政府对检验机构的支持，加快基础设施建设的步伐，努力提高经费保障水平，尽快改变地方检验机构，尤其是地（市）级药检所设施设备相对落后的现状。第三，加快检验资质的扩展和科研水平的提升。只有不断拓展检验项目和检验参数，才能不断适应和满足产业的发展以及百姓不断增长的健康需求。尤其要加强研究性检验，它是检验事业发展的重要驱动，继续坚持"检验依托科研，科研提升检验"的思路，加强关键技术、快检技术和高新技术的攻关研究，为科学监管提供更加有力的科技支撑。

（链接） 根据国家食品药品监督管理总局关于省、地级药品检验机构实验室建设指导意见，省、地级药检所应设置中药室、化学药品室、抗生素室、药理室及业务技术管理科室等实验室。仪器装备依照《药品管理法》及《药品管理法实施条例》，按照省、地级药检所的职责，实行分级装备，以《中国药典》等国家标准为基础确定仪器的种类与范围；以实际检验工作量及实验室规模确定装备数量。药检所总体建设规模应根据其职责，保证其检验能力的要求确定，建设面积以编制人员计算，人均不得少于100m²，实验用房不得少于总面积的70%。

大连药检所效果图

上海药检所业务楼

检验为民引领检验制度建设。问需于"民"，通过制度化、规范性的走访调研、信息反馈，切实掌握公众在检验工作方面的需求，对检验工作的意见和建议，不断提高制度建设的质量和水平，增强检验制度的生命力，适应改革发展的新形势。

检验为民引领管理效能最大化。实施人文管理，在制度规范约束的基础上，大力发展先进的检验文化，创造有利于检验机构和检验工作者的发展环境、工作环境和成长环境，以人文氛围的熏染提升检验机构的管理成效。

2. 唱响"中国药检"好声音

"中国药检"好声音最主要的曲目就是：一流的队伍、一流的品格。通过理念指引，打造一支德才兼备、"能打仗、打胜仗"的"中国药检"队伍。统筹考虑人才宏观发展战略，注重人才队伍梯队建设，建立多层次、多形式、广覆盖的人才培养体系，形成基础型检验人才、科研型检验人才、专家型检验人才的队伍梯队。加强行为规范，将检验的"权力"监管到位，彰显依法检验，廉洁检验的形象。

2013年5月，中检院第四届青年专业外语大赛在北京举行

通过理念指引，培育食品药品检验工作者特有的品格。强化对食品药品检验工作者守护公众生命安全信念与使命的培育，通过长期的实践与坚守、传承与积淀，形成独特的性格与气质。这其中，既有"为国把关、为民尽责"检验为民的应有之义，又有食品药品检验工作者对科学、公正的追求，也有对独立、公信的自信等等。这些是"中国药检"特有的精神品格。

3. 理念的辐射与输出

科学的理念是没有行业边界的。检验为民理念作为我国食品药品检验工作者价值理念系统性的总结提出在全国检验行业尚属首次，尽管这里的"检验为民"理念是食品药品检验领域的话题，但其意义绝不仅仅局限于食品药品检验系统内部的组织和成员，对检验领域内外各行业的检验活动均具有一定的理论价值和指导意义，其丰富与发展的研究将持续进行和不断拓展，逐渐深入渗透并辐射延伸，使其在一切检验活动中引领实践。

科学的理念是没有国界的。保护公众饮食用药安全是每个国家和政党必须承担的责任。以"检验为民"为核心的科学检验精神在检验领域应该具有普世性和普遍意义，必将在国际同行中产生积极影响，推动相关领域价值理念研究的发展与进步。

任何科学的理论乃至价值理念体系都不是终极的、固化的，必须适应时代发展需要，与时俱进，不断完善。中国药品监督管理研究会执行副会长、原中检院院长李云龙指出：科学检验精神的丰富与发展靠统一思想、靠生动实践、靠勇于创新。他提出科学检验精神丰富发展"四部曲"："总结突出、科学研究、著书立说、走向世界。"检验为民理念作为科学检验精神的核心，已成为各级、各地检验机构检验实践的根本理念，有着强大的生命力，在检验实践中会得到进一步传扬、丰富和发展。

[链接] 身处改革开放前沿阵地的深圳市药品检验所在检验为民理念的探索与践行上，发扬特区精神，先行先试，注重文化建设和人员队伍建设。坚持"创先争优我带头，检验为人民"理念，总结提炼出"严谨、责任、创新、奉献"的深圳市药检所所训，"严谨求实、开拓创新、团结奉献、和谐进步"的深圳市药检精神，"科学、公正、优质、高效"的质量方针。深圳市药检所注重文化建设，创新文化建设载体，在行业内率先设计机构文化标识，编制药检文化刊物、制作BA影视宣传系统，组织丰富多彩的药检文化活动，营造出积极向上的文化氛围。在检验工作中，充分发挥党员示范岗、巾帼文明岗的示范带动作用，优化检验流程，完善应急检验处置体系。创新工作模式，开展横向联合，以科研能力提升助力检验工作提升。丰富技术服务手段，针对企业开展短期菜单式培训，建立实验室开放日、深圳市药品质量网络交流平台。通过文化氛围和软环境的塑造，深圳市药检所丰富检验为民的方式和手段，检验为民的理念得到生动展现，"深圳药检"品牌的铸造也使得特区精神与气质在深圳市药检所得以真实呈现。

第三章

光荣岁月 —— 检验为民的历史足迹

食品药品检验历经60多年，从小到大、由弱到强……一次次成功应对突发事件，彰显为民本领……传承的是文化，树立的是品牌……

我国食品药品检验系统60多年发展历程中的每一次探索尝试、每一次艰苦努力、每一项重大成就，无不是检验为民理念的生动实践、生动诠释和生动写照，书写了中国食品药品检验事业发展的壮丽篇章。

——跨越发展：检验实力的量变到质变

万丈高楼平地起。经过60多年的发展，我国食品药品检验机构从无到有，检验能力由弱到强，人才队伍和装备水平不断进步和提升，奠定了检验为民的现实基础。

1. 检验体系日渐完善

我国食品药品检验系统，总体上包括食品、药品（生物制品）、保健食品、化妆品和医疗器械检验机构，我们俗称为"四品一械"。新中国成立以来，随着国家对"四品一械"监管体制的逐步建立和完善，我国的食品药品检验系统经历了职能从单一的"药品"到"四品一械"的发展历程，逐步建立起了保障公众饮食用药安全的检验体系。

探索建立时期

（20世纪20年代~1965年）

萌芽探索阶段（20世纪20年代~1949年）

据现有研究文献，中国食品药品检验事业最早可追溯到20世纪20年代。1924年胶澳（现山东青岛）商埠督办公署批准成立的化学实验所，承担食品和药品检验工作。1930年该所扩大并更名为青岛市实验室，除负责青岛市的食品检验外，还承担进口药品检验。天津早期的药品检验机构于1928年10月由当时的卫生局筹创建立，1929年4月成立化验室。后几经变迁，于1946年1月成立天津市卫生试验所，负责开展卫生检验鉴定及研究，并对全市医疗机构的检验工作进行指导。

抗战胜利后，美国的战后剩余物资决定就地捐助，其中包括一些药品检验仪器。当时的国民党政府中有一批从英美留学回来的人士正有意学习美国的管理模式——在国内建立食品药品检验机构。1945年，国民党政府在重庆成立中央卫生署药物食品检验局，仪器、设备就来自联合国善后救济总署提供的战后剩余物资。1946年中央卫生署药物食品检验局迁往上海。

这一阶段独立的药品检验机构较少，且人员不足，设备条件较差。而市场上中西药品基本为自制自售，药业厂商制售药品全无质量标准，更无检验手段，是否合格，仅凭"良心"，即所谓"修合无人见，存心有天知"。不少药厂、药店常常偷工减料，以次充好，甚至以假充真来牟取暴利。在集市上常有卖"野药"的出现，多以变戏法、说唱等江湖方法谎称是"祖传秘方"，兜售其自配成药，有的竟乱掺了鸦片、马钱子等毒品，百姓用药的安全性毫无保障。

链接 据相关史料记载，当时北京市场曾发生以紫颜色水冒充甲紫，以葡萄糖粉冒充青霉素，以香菜根冒充人参，以劈柴块冒充沉香等，不一而足。不法者向旧政府主管者施以贿赂，就可以上电台、登报刊、贴海报、发传单等进行虚假广告宣传，欺骗百姓，危害众生。北京药王庙门前曾现对联："偷工减料，女娼男盗；以假充真，断子绝孙。"百姓对制售假劣药品行为的痛恨由此可见一斑。

初步建立阶段（新中国成立初~1965年）

1950年新中国成立的第二年，为了肃清混乱的药品市场，确保全国人民饮食用药安全有效，中央人民政府卫生部决定，接管原国民党政府所属"卫生署药物食品检验局"，成立中央食品药品检验机构。同年8月18日，中央人民政府卫生部下发文件，正式将机构命名为"中央人民政府卫生部药物食品检验所"，同时明确规定其工作任务为负责药品质量监督，辨别药品真伪，保证人民用药安全有效——新中国第一个国家级食品药品检验机构正式成立。在此期间，全国各地也开始相继筹建药品检验所，到1953年，全国已建立药品检验所13所，药品检验室14个。

1953年，卫生部明确将药品检验与食品检验分开，将"卫生部药物食品检验所"更名为"中央人民政府药品检验所"。1954年，卫生部召开全国药检工作会议，确定了药检工作方针，即以检验国外输入的药品为主。国内生产的药品，原则上由生产厂家负责保证质量，各药品生产企业必须建立药品检验机构，药品必须经检验合格后才允许出厂，卫生行政部门对药品生产企业生产的药品和市售药品进行必要的抽验。同时理顺了

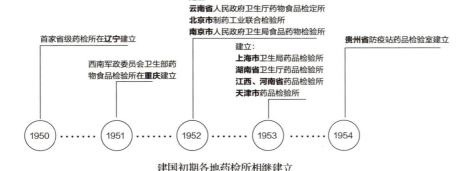

建国初期各地药检所相继建立

各级食品药品检验机构的领导关系，统一了药品检验方法。同年7月1日起，国家将进口西药列为法定检验商品，中央卫生部指定广州、上海、天津、青岛、武汉5个地区为西药主要进口口岸和检验口岸。

1964年经过10年的努力，除西藏之外（西藏自治区药品检验所于1975年3月成立），全国各省、自治区、直辖市都建立了省级的药品检验所，有些省还建立了地（市）级的药品检验所，1960年湖北省潜江县率先成立了全国第一个县级药品检验所。

1961年1月9日，卫生部成立医疗器械工业局，开始有意识地着手培

小贴士

口岸药品检验所是经国务院卫生行政部门授权的，负责进出口药品质量监督、检验的专业性机构。截至2014年我国法定的口岸药品检验所共18家。分别为：中国药品生物制品检定所、北京市药品检验所、天津市药品检验所、大连市药品检验所、上海市食品药品检验所、江苏省药品检验所、浙江省药品检验所、福建省药品检验所、厦门市药品检验所、青岛市药品检验所、武汉市药品检验所、广东省药品检验所、广州市药品检验所、海南省药品检验所、重庆市药品检验所、成都市药品检验所、陕西省药品检验所、广西壮族自治区食品药品检验所。

育全国性医疗器械产品技术检验机构。1962年第一部医疗器械部颁标准出台。这为日后医疗器械监管机构和检验机构的组建奠定了基础。

发展健全时期

（1966~1998年）

恢复发展阶段（1966~1978年）

1966年，"文化大革命"浩劫突至，食品药品监督工作陷入混乱，药品监管工作一度被认为是"管、卡、压"，成为不利于人民用药的枷锁，导致很多药品检验所派往各药厂的驻厂代表被以不相信工人阶级为由轰出药厂，药品检验工作被迫处于停顿状态。直到"文化大革命"结束后，党中央、国务院才重新正视药政和药品检验工作。

1977年2月14日、15日，时任卫生部部长江一真来到北京市药品检验所视察工作，对如何加强药政、药品检验工作等问题进行了详细的调查研究，研究如何尽快恢复、建立、健全区县药政机构和开展药政药检工作。在国家政策方针的指引下和卫生主管部门的指导下，各地药品检验所开始探索一条国家支持、自我发展的新路。

[链接] 北京市药品检验所提出了"志在药检，求实求严，依法管药，团结奉献"的口号，并掀起了创建区县药品检验所的热潮。从1977年开始，北京顺义、崇文、密云、大兴、通州、延庆、宣武、昌平、海淀等区县纷纷成立了药品检验所或类似部门，使得北京市各区县特别是边远农村的药品市场混乱的状况得到了明显的改善。云南各地、州、市药品检验所逐步建立，到1978年，云南药品检验所遍布云南各地州市，形成了一个食品药品检验系统。

医疗器械工业虽然在文革期间也受到干扰和破坏，但在周恩来、李先念等中央领导的亲自过问下，20世纪70年代以后，医疗器械的生产出现了转机，特别是技术的开发取得了进展。1977年，我国第一台行波型医用电子直线加速器（BJ-10）研制成功。在这期间，辽宁、上海、湖北等地相继成立了以优势技术项目为研究试制重点的医疗器械研究机构，如下表所示。

国内较早建立的医疗器械研究机构

成立时间	机构名称	重点研制项目
1966年7月	辽宁省医疗器械研究所	医用X射线机
1972年10月	上海医疗器械研究所	涉及较多医疗器械产品分类，具有综合工艺技术特点
1972年12月	湖北省医疗器械研究所	医用超声仪器
1974年7月	浙江省医疗器械研究所	医用光学激光冷疗产品
1976年2月	天津市医疗器械研究所	骨科器械电生理仪器
1976年5月	广东省医疗器械研究所	医用体外循环齿科消毒设备产品
1977年6月	北京医疗器械研究所	医用生化仪器加速器
1978年5月	山东省医疗器械研究所	医用高分子材料及其制品

1977年12月，卫生部医疗器械工业局根据医疗器械产品的技术门类复杂、品种规格数量庞大的特点，抓住当时几个医疗器械生产较为集中省市已建立医疗器械专业研究机构的有利形势，积极引导和鼓励这些专业研究机构充分发挥为全行业担当技术服务的责任，并按医疗器械产品技术检测责任和本研究机构专业研究方向相一致的原则进行了协调分工，初步构建起全国性医疗器械产品监督抽查和技术检测责任分工框架。

规范建设阶段（1978~1998年）

《中华人民共和国药品管理法》（后简称《药品管理法》）的颁布，标志着药品的研究、生产、经营、临床管理进入了法制化新时期。《药品管理法》明确规定："县级以上卫生行政部门可以设置药政机构和药品检验机构"，在卫生部的统一部署下，中国药品检验工作不断得到加强和完善。

1986年4月15日，卫生部批准"卫生部药品生物制品检定所"更名为"中国药品生物制品检定所"（以下简称中检所）。中检所成立后，全国各地也先后建成了省、市（县）各级药品检验所，药品检验系统逐步形成，为食品药品监督检验工作奠定了坚实的

小贴士

《中华人民共和国药品管理法》的诞生：1984年9月20日，第六届全国人民代表大会常务委员会第七次会议通过《中华人民共和国药品管理法》，并规定自1985年7月1日起正式施行。

基础，并逐渐成为国家食品药品监管工作强有力的技术支撑。

在中央和各级地方政府及卫生行政部门的重视关怀下，这一阶段，我国基本建立健全了从中央到省（自治区、直辖市）、地（市、州）、县（市、旗）四级食品药品检验机构网络，到1998年，全国已有中央级所1个，省级所30个，计划单列市所6个，地（市）级所324个，县（市）级所1605个，共计1966个药品检验所，专业人员达2.2多万人，其中高级技术人员1000多人，中级技术人员2600多人，食品药品检验机构网络的建立健全，为我国贯彻、执行《药品管理法》提供了坚强的技术后盾和组织保证。

医疗器械技术检验体系初步建成：1978年，国家医药管理总局（后改为国家医药管理局）成立后，结合国家开始实施产品质量监督抽查制度，对医疗器械产品质量监督检验机构进行了扩充、调整，并加大其检验测试设备设施等基础建设投资的力度，医疗器械产品质量监督检验机构增加为9个，其中有4个分别于1988~1990年经国家技术质量监督管理局批准成为国家级质量监督检验测试中心。

截至1998年，全国共有4个国家级质量监督检验中心，5个国家医药管理局级质量监督检验测试中心，以及一批省市医疗器械产品质量监督检

中央到地方四级药品检验机构

- 中央所 —— 中国药品生物制品检定所
- 省级所 —— 省级所30个，单列市所6个
- 地（市）级所 —— 地（市）级所324个
- 县（市）级所 —— 县（市）级所1605个

验测试站，基本形成一个多层次的医疗器械产品监督抽查和技术检验机构体系，可覆盖全国各省市和整个医疗器械产品门类。在职能分工上，9个医疗器械监督检验机构按专业分别承担着国家局医疗器械产品注册和质量监督检查所需的检验任务；此外，还有一批省市医疗器械产品质量监督检验测试站负责本辖区医疗器械注册和质量监督检查所需的检验工作。

这一时期我国的食品安全工作得到了政府的重视。特别是1995年《食品卫生法》的发布，明确"国务院和省、自治区、直辖市人民政府的卫生行政部门，根据需要可以确定具备条件的单位作为食品卫生检验单位，进行食品卫生检验并出具检验报告"，同时对出口食品、城乡集市贸易食品的质量监督检验也明确了相应的部门，可以说，基本确立了由卫生部门主管，质检部门、商业部等协助监管的食品检验体系。

改革创新时期

（1998年至今）

新体制下的稳步发展阶段（1998~2002年）

1998年，根据《国务院关于机构设置的通知》，中央决定在国家医药行政部门和药政部门的基础上组建国务院直属机构国家药品监督管理局，主管全国药品监督管理工作。这一重大机构改革对药品、医疗器械检验体系都产生了重大影响。

机构改革后，药品检验机构建制划转药品监督管理部门，按照"统一、精简、效能"的原则实施全面调整。2001年重新修订的《药品管理法》明确，由药品监督管理部门设置或确定国家级、省级、地市级药品检验机构，即国家级药品检验机构由国家药品监督管理局设置，省级及省级以下药品检验机构由相应的药品监管部门按需要设置。各药品检验机构实施药品技术监督，依法承担法定的药品检验，其做出的检验结论，在司法程序中作为证据，具有法律效力。

根据国家对药品检验机构的设置要求和部署，除广西、海南、上海等少数省市按区域设置药品检验机构和部分省会城市药品检验所与省药品检验所合并外，绝大部分省在地级以上市设置了药品检验所，很多省会城市和县级药品检验所被撤销，基本确立了我国中央、省、地（市）三级政府药品检验体系，各级药品检验所实行属地化管理，在业务上接受上级药品检验所的指导。

1998年国家药品监督管理局成立及1999年《医疗器械监督管理条例》的发布，使医疗器械产品监督抽查和技术检验机构体系又有了新发展。大部分医疗器械检验机构与医疗器械研究所脱钩，归属各地食品药品监管局。

其中，原国家医药管理局质量监督检验测试中心就成为国家级质量监督检验测试中心，按专业归口原则划分为10家，分别为国家食品药品监督管理局北京、上海、济南、沈阳、天津、武汉、杭州、广州、北大口腔、中检所医疗器械质量监督检验中心，承担着各专业领域所涉及的医疗器械产品的注册和质量监督检查所需的检验工作，具有对省级检验机构进行技术指导的能力，是政府实施法规、规范市场、建立我国合理贸易技术壁垒的主力军。

这一阶段的食品监管工作由原来的卫生部门统一主管逐渐向多部门联合监管体制发展，国务院各有关部门都在着力建设食品安全的监测体系，大规模的食品监测工作带动了食品检验机构的发展。农业部门在这个阶段建立了200多个国家级和部级农产品质量监督检验检疫中心，并指导全国1/3的地市县建立了以快速检验为主的农产品质量安全检测站，形成了从中央到地市县的动植物防疫检疫体系。质量监督检验检疫总局在这个阶段基本形成了较为完善的食品安全检验体系，质量监督检验检疫部门在全国共建设2500多个食品、农产品检验技术机构，建立了28个涉及农产品、食品的国家产品质量监督检验中心，两个国家级涉及食品检测分析的研究所，31个省、5个计划单列市、381个地市、2000多个县质量技术监督部门都建有农产品、食品监督检验机构，同时，分布全国各地的出入境检验检疫局在全国建有163个检验检疫技术中心，300多个食品检测实验室。商务部门市场检验体系也初步建立，整合了36个城市的大型农副产品批发市场的检验资源和能力。

第二次改革中的探索发展阶段（2003~2013年）

食品安全监管进入分段监管与综合协调相结合的监管模式。2003年，根据《国务院机构改革方案》，在国家药品监督管理局的基础上组建国家食品药品监督管理局，除原职能外，承担食品、保健食品、化妆品的监督管理工作，标志着我国建立起国家级的食品安全监管机构，我国的食品安全监管进入分段监管与综合协调相结合的监管模式。这一年，也成为我国食品安全监管体系发展的分水岭。

2004年9月，国务院颁布《关于进一步加强食品安全工作的决定》，确立"分段监管为主、品种监管为辅"的监管模式。2007年，进一步明确了分段监管各部门的具体分工：农业部门负责初级食用农产品生产环节的监管；质检部门负责食品生产加工环节的监管；工商部门负责食品流通环节的监管；卫生部门负责餐饮业和食堂等消费环节的监管；

食品药品监管部门负责对食品安全的综合监督、组织协调和依法组织查处重大事故。另外，进出口食品的安全监管由质检部门负责，生猪屠宰由商务部负责。

食品检验体系的探索与发展。监管体系改革直接影响检验体系的调整与发展。我国食品检验机构主要分布在卫生、农业、质检、商务、工商行政管理等部门，另外粮食、轻工、商业等行业也参与检验。同时，大、中型食品生产加工企业也建立了具备一定检验能力的实验室；在部分沿海经济发达地区还有中外合资、合作的食品检验技术服务机构；在食品产地、集散地和批发市场、集贸市场，各有关方面集资建立了食品检验站，配备了流动检测车、快速检测仪等。截至2008年，形成了"国家级检验机构为龙头，省级和部门食品检验机构为主体，市、县级食品检验机构为补充"的食品安全检验体系，共有3913家食品类检验实验室通过了实验资质认定（计量认证），检验能力和检验水平达到或接近国际较先进水平。2011年9月，国务院食品安全委员会办公室的相关报告指出，目前我国已经有6000多家具有食品相关检验能力的技术机构，大部分隶属于卫生、农业、质检、粮食、食品药品监管、环保等部门。

自《食品安全法》颁布实施之后，食品、保健食品、化妆品安全管理的综合监督职能也被划转到食品药品监督管理部门。作为食品药品质量监督保证体系的重要组成部分，食品、保健食品、化妆品的检验、标准制定等工作也将列入新型食品药品检测机构的职能范围。2010年10月，国家食品药品监管局发布《加快推进保健食品化妆品检验体系建设的指导意见》，提出在现有食品药品检验机构的基础上，加快建成适应监管和发展需要的"一个中心、三个网络、五个平台"保健食品化妆品检验体系。在国家方针的指导下，全国绝大多数省级以上的药品检验所逐步从单一的药品检验扩展了生物制品、化妆品、保健制品、食品、医疗器械、洁净区域、药品包装材料和容器产品等领域的检验以及不良反应监测和药物警戒。同年，全国有8个省级药品检验所更名为"食品药品检验所"，中国药品（生物制品）检定研究所、湖北省药品检验所、河北省药品检验所等先后完成了所改院工作，成为满足食品药品监管需求的主要技术支撑单位。

第三次改革下的完善发展阶段（2013年至今）

2013年3月，国务院组建国家食品药品监督管理总局，我国食品安全在经历了卫生部统一监管，卫生部、农业部、质量监督检验检疫总局、国家工商行政管理总局与食品药品监管局等多部门分段监管后，进入了由农业部和食品药品监管总局集中统一监管阶段。目前，共有31个省级药品检验所（院）具备食品检验职能，27个省级辖区内已有地市所具备承接食品、保健食品、化妆品等检验的能力。

在药品检验体系方面，截至2013年，全国共有地（市）级以上药品检验所386个，其中国家级药品检验所1个，省级药品检验所33个，地（市）级药品检验所352个。根据实际需要，18个药品检验所被确定为口岸药品检验所，8个药品检验所被授权承担生物制品批签发工作。

国家（1个）
承担新药注册检验，进口药品注册检验、国家药品评价和监督检验、生物制品注册、评价和监督检验、生物制品批签发、药品标准物质的标定、医学菌（毒）种保管、药品检验检测技术科学研究等职能。

3 地市（352个）
承担药品监督抽验、部分药品检验所还承担了保健食品注册检验、医疗器械监督检验、药品包装材料和容器产品、食品和化妆品检验。

2 省（33个）
承担部分新药和已有国家药品标准药品的注册检验、国家评价和省级药品监督检验等工作。

三级药检网络

全国已有85家药品检验所通过了国家实验室认可，全国 90%的药品检验所实现了互联网访问，实现了全国进口药品检验数据的定期报送和互联网检索功能，成为药品安全科学监管的重要技术手段。

在医疗器械检验体系方面，截至2013年，通过国家食品药品监督管理总局认可授权的医疗器械检验机构共53家，其中国家级医疗器械质量监督检验中心10家，省级医疗器械检验机构29家，食品药品监管系统外检验机构14家。

为深入贯彻落实国务院机构改革和职能转变的有关要求，在国家食品药品监督管理总局的组织下，食品药品检验机构围绕着"四品一械"检验机构层级设置和功能定位开始了新的研究和探索，为进一步完善我国食品药品检验检测体系奠定基础。

2. 检验环境旧貌换新颜

"工欲善其事，必先利其器"。 我国食品药品检验系统自身的发展是履行"检验为民"宗旨的基础。经过几代食品药品检验工作者的辛勤耕耘，用"翻天覆地"来形容我国食品药品检验系统自身的变化并不过分，基础设施和装备水平显著改善，检验队伍整体素质明显提升，检验管理体系日趋完善，食品药品检验系统已步入现代化、专业化、规范化和信息化的轨道，为保障人民群众饮食用药安全打下了坚实的物质基础。

基础设施，进入发展快车道

"底子薄，基础弱"是我国食品药品检验系统在成立之初基础设施建设情况的真实写照。

当年云南省食品药品检验所成立时的实验楼是从当地茶叶商手里购买的一栋两层L型的青砖木结构小楼房，面积仅为228平方米。1994年之前青岛市药品检验所蜷缩于只有1500平方米的德式小楼中，阁楼和地下室就占去了400平方米，实验室拥挤且简陋，仪器设备长期置于楼道里，人均实验室面积距离国家要求相差甚远。

链接 据史料记载，北京市海淀区药品检验所成立时仅两个人守着一间屋子。狭小的屋子，阴暗潮湿终日不见阳光。而仅有的这间屋子据说还是由清末太监李莲英私宅的厕所简单改建而成。房山区药品检验所刚成立时只有两间破旧的房屋，既没有顶棚、暖气，也没有自来水。冬天冻得在室内跑步取暖，夏天热得汗流浃背。成立之初的昌平区药品检验所，由于没有房子，便建在了一间地震棚里，因环境恶劣等原因使其在建所之后很长时间一直未能正式开展工作。

根据上海1986年对13个区、县药品检验所统计，平均每个所的面积仅为120.77平方米，最多的宝山药品检验所为487平方米，最低的为虹口区药品检验所约35平方米；1992年平均为321.79平方米，最高的崇明县药品检验所为700平方米，最少的徐汇区、闵行区药品检验所为80平方米。

根据调查显示，2003年全国省级药品检验所及口岸药品检验所业务用房建筑的总面积约为24万平方米，其中20世纪80年代前建造的约为

16.8万平方米，约占总建筑面积的70%。地市级药品检验所的总建筑面积约为67万平方米，其中实验用房47万平方米，实验用房中20世纪80年代前建造的约为38.9万平方米，约占总建筑面积的58%。

20世纪90年代上海市药品检验所复兴路旧址

由于实验用房建筑年代较早，通风、光照、排气以及温湿度控制等方面存在很多不科学的地方，实验环境不能满足现代检验工作需要，预防污染或交叉感染等方面的条件较差。一些有特殊要求的实验用房（如采样间、留样间、无菌间、实验动物房等）普遍达不到国家规定的标准，更谈不上与国际接轨。有些专用的实验用房（如恒温恒湿间、生物制品实验室等）建设基本空白，直接影响了药品检验工作的正常开展。大多数医疗器械检验中心也是长期依靠租房解决办公和实验室场所问题。基础设施建设的滞后，已成为制约我国食品药品检验系统发展的最大瓶颈。

为彻底改善办公场所极度紧张的状况，各地食品药品检验机构不断争取各方力量支持自身的基础设施建设，国家和地方对我国食品药品检验系统的建设也越来越重视。

（链接）2004年，国家食品药品监管局立项申请国债资金88亿元，用于中检所迁址建设、中西部地区药品检验所改造、国家口岸药品检验所改造、国家级医疗器械质量监督检验中心和23个省级医疗器械质量监督检验中心等食品药品监管系统基础设施建设。各级地方政府也投入资金，共同推动食品药品检验机构基础建设的开展。

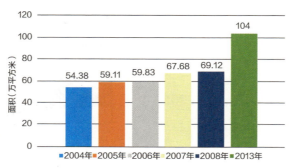

2004~2013年全国食品药品监管系统检验检测机构实验用房

上海市食品药品检验所化学实验室

据不完全统计，到2013年，中央和地方累计投入建设资金55亿元，全系统实验室总面积从2008年的不足70万平方米增加到104万平方米，增幅近50%。上海市食品药品检验所、广西壮族自治区食品药品检验所、深圳市药品检验所等单位已陆续投入使用。除中国食品药品检定研究院外的17个口岸药品检验所和10个国家医疗器械检验中心已完成改造，中国食品药品检定研究院、北京市药品检验所、广东省食品药品检验所等一批迁址项目相继开工，各地市食品药品检验所纷纷通过置换、新建、扩建等方式，使基础设施得到了大大改善。全国食品药品检验系统的整体基础设施水平跃上了一个大台阶。

装备水平，国际一流

在各地检验机构成立之初，检测仪器设备普遍缺乏，重点仪器缺口更大，有的省级药品检验所的"大型精密仪器"只是一、两台紫外分光度计，设备总值不过几万元。

2003年全国药品检验系统仪器设备状况的调查显示，各级药品检验机构仪器设备陈旧问题突出。省级药品检验所中，常用仪器设备中有82%为2000年前购置，其中60%购置年限超过了8年，地方药品检验所中，购置3年以上的约占90%。由于仪器设备陈旧，很多仪器设备的测定精度已不能达到分析方法的要求，仪器设备的故障率也很高，造成检验周期加长，检验效率下降。

在医疗器械检验机构，由于长期没有自己的电磁兼容检测实验室和设备，导致我国医疗器械电磁兼容检验一直处于空白，很多产品只能运到国外进行试验，这种检测模式不仅费用高、效率低，不利于我国医疗器械产品进入国际市场，也大大限制了国内医疗器械检验技术的发展。

在中央和地方财政的支持下，国家不断加强对全国药品检验机构仪器设备的更新和添置。1984年至1993年，共投入资金1

> **小贴士**
>
> 电磁兼容性（Electro Magnetic Compatibility, EMC）是指设备或系统在其电磁环境中符合要求运行并不对其环境中的任何设备产生无法忍受的电磁干扰的能力。因此，EMC包括两个方面的要求：一方面是指设备在正常运行过程中对所在环境产生的电磁干扰不能超过一定的限值；另一方面是指器具对所在环境中存在的电磁干扰具有一定程度的抗扰度，即电磁敏感性。

亿多元，为各级药品检验所，特别是省级药品检验所、部分计划单列市药品检验所装备了现代分析仪器设备。2002年到2006年，中央财政先后投入2.74亿元用于中西部地区药品检验所和医疗器械检验中心的建设，其中的1.74亿元主要用于为各省、地市药品检验所增添设备。2003年，国家食品药品监督管理局拨出4000万元为中西部药品检验所增添设备。而对药品快检车的研制和配备，国家则拨出2.4亿元，加上地方自行配备的金额，总投入约4亿元。2008年起，中央投资10亿进行电磁兼容安全实验室建设，并配备相应的检测设备。本着先进、可靠、经济适用，同时确保有一定前瞻性的原则，各级检验机构检验设备更新开始提速。

如今，省级以上机构基本实现了尖端设备大量增加、常规设备满足需要的目标，有的已经处于国际一流水平。各地市所尤其是中西部地区机构，仪器设备紧缺和落后的状况得到明显改观。各医疗器械检验机构的仪器装备也发生了量的积累和质的飞跃，继北京市医疗器械检验所建成国内药监系统首个电磁兼容实验室后，上海、江苏、天津等医疗器械检验中心的电磁兼容实验室相继建成。

部分药品检验机构原有的仪器设备（左）和新配备仪器设备（右）

截至2013年年底，全国药品、医疗器械检验机构共有设备14.98万台（套），总价值为62.76亿元。其中，实验仪器设备8.71万台（套），超过50万元的实验仪器2121台（套）。

实验室管理，持续改进

要做到检验数据准确可靠、检验报告完整正确，必须建立完整、规范、科学的食品药品检验实验室管理体系，提高实验室科学化管理水平和技术水平。

20世纪90年代初，随着《中华人民共和国计量法》的颁布实施，我国药品检验系统大多数实验室均首次通过计量认证评审，并从建立《质量手册》等文件入手，初步建立了现代意义上的质量体系。

20世纪90年代中后期，《中华人民共和国药品管理法》、《药品检验所管理办法》、《药品检验所实验室质量规范》等法规的出台，对食品药品检验机构的质量工作提出了更具体和明确的要求，并在全国药检系统开展了实验室认证工作，我国食品药品检验机构的质量体系得到进一步加强。

截至2013年，全国食品药品检验机构中共有397家机构获得资质认定，食品检验机构资质认定291家，国家食品药品监督管理总局保健品行政许可检验机构资质认定22家，医疗器械检验机构资质认可44家，化妆

> **小贴士**
> 质量管理是指在质量方面指挥和控制组织的协调活动，通常包括质量方针、质量目标、质量策划、质量控制、质量保证和质量改进。

> **小贴士**
> 计量认证是我国通过计量立法，对凡是为社会出具公证数据的实验室进行强制考核的一种手段，是政府对第三方实验室的行政许可。只有具备计量认证资质、取得计量认证法定地位的机构，才能为社会提供检验服务，并可按证书上所批准列明的项目，在检验报告上使用计量认证标志"CMA"。

品行政许可检验机构认可20家，GLP认证8家，其他资质24家。

进入21世纪，随着实验室认可在食品药品检验系统的实施，大多数食品药品检验实验室以国际标准［ISO/IEC 17025：2005］《检测和校准实验室能力通用要求》建立并运行质量管理体系，我国食品药品检验系统的质量管理体系在更高水平上得到了进一步发展和完善。

自1999年武警部队药品检验所、2002年中国药品生物制品检定所和上海市食品药品检验所率先通过国家实验室认可后，到2013年年底全国检验机构中已有103个机构获得国家实验室认可。省级食品药品检验机构对药典品种全项检验能力达到了100%，地市级食品药品检验机构达到了85%以上，比5年前增长34%。国家级医疗器械检测机构，对归口现有产品的检验能力达到了95%，省级以上机构对市场常用产品的检验能力达到了90%以上。

小贴士

国际上通行的实验室国家认可是由国家权威机构对实验室的能力进行评价。中国合格评定国家认可委员会（CNAS）是由国家认证认可监督管理委员会批准设立的中国国家认可机构，其认可是以自愿为原则的第三方认可机构，对内可提高管理水平和技术能力，对外可提高实验室的权威性与可信度。

随着我国经济的蓬勃发展和对外开放，近几年，我国食品药品检验系统瞄准国际先进水平，学习和参考国际先进标准，纷纷开展国际实验室间的互认工作，技术水平和管理能力逐步获得国际认可，进一步提高了检验数据和报告的公信力。

2012年，中检院通过世界卫生组织（WHO）的药品质量控制实验室认证，成为全球第26家、西太平洋地区第3家通过认证的机构；上海市食品药品检验所通过新加坡政府进口中药检测实验室认证，并成为商务部和中国医药保健品进出口商会认定的"中药定点检验机构"；北京市医疗器械检验所相继获得德国TUV、美国UL等国际知名认证机构认可与授权；江苏省医疗器械检验所成为美国信科检验认证集团、德国劳氏集团授权实验室；上海医疗器械检测所成为英国Intertek分包项目检验实验室，为我国的药品、医疗器械产品走出国门、进入国际市场提供了便捷的通道，进一步提升了中国药检辐射全球的一站式检验服务能力。

信息化提升检验效能

我国食品药品检验系统的信息化建设起步较晚，大多数药品检验所，在20世纪80年代才开始接触和引入计算机。虽然起步较晚，但发展较快，经历了从无到有，从单一到综合的发展过程，目前食品药品检验信息化系统已日趋完善，极大地促进了食品药品检验系统的规范化建设，提高了检验的效能。

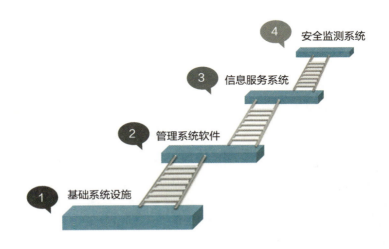

从20世纪90年代开始，全国各级食品药品检验机构在自筹资金和申请财政支持的基础上，充分发挥主观能动性，持续改善计算机硬件设备。目前，全国各省级食品药品检验机构和口岸药品检验所都建成了局域网，购置了独立的服务器，接入了国际互联网。同时，全国一半以上的地市级食品药品检验机构也建成了局域网。部分省级所与地市级所实现了全区域的联网，也有部分省级所已经实现了与当地省局的联网。各级食品药品检验机构目前拥有良好的硬件设备，为实现全国药品检验系统的联网奠定了坚实的基础。

从中国食品药品检定研究院推广应用第一套"全国药品检验所信息化管理系统"单机版，到中国食品药品检定研究院、上海市食品药品检验

实验室信息管理系统

全国药品检验所管理
系统软件培训班

所、广东省食品药品检验所三个版本并存，再到引入国际先进的实验室信息管理系统（LIMS），药品检验业务管理系统不断得到升级和完善。信息管理业务功能也从最初的单纯打印报告书发展到现在的包括业务办公、行政办公在内的全流程、全方位的管理，不断适应药品检验工作发展变化的需要。信息技术的应用，优化了内部运作程序，提升了药品检验服务质量和效率。

随着食品药品检验系统信息化软硬件建设的不断深入，全国90%的食品药品检验所已实现了互联网访问，所有地级以上食品药品检验所建立了公众门户网站。在中国食品药品检定研究院组织协调下，实现了全国进口药品检验数据的定期报送和互联网检索功能。通过公共网站，有的食品药品检验机构可以提供检验业务受理、检验进度查询、检验报告书查询等服务，提高工作效率和工作质量。同时，通过公共网站，有的食品药品检验所还设立了工作动态、政策法规、学术交流等诸多栏目，有效地促进了与社会公众的信息沟通，扩大了对食品药品检验的宣传力度，取得了很好的社会效益。

人才队伍素质整体提升

食品药品检验，是一个人才密集型、知识密集型的行业，建设一支专业技术人员队伍，是食品药品检验系统履行职责、发展壮大的关键。

在食品药品检验机构建立和发展初期，普遍面临着人员数量不足、专业技术人员紧缺、队伍机构不合理等问题。多年来，各级检验机构坚持"人才兴检"战略，不断加强人才队伍建设，我国食品药品检验队伍已初具规模。

截至2013年年底，全国药品检验机构人员总编制数达到18612人，其中专业技术岗位人员12616人。目前，具有本科以上学历的人员占全员总数的76%，具有高级专业技术职称人员3413人，占专业技术人员总数的

多元化人才培养模式

27%，中国药品检验已建成一支结构合理、技术精良、素质过硬的药检队伍。

在我国食品药品检验系统队伍不断壮大的同时，各级食品药品检验机构不断探索和创新人才培养模式，逐步从单一的高校来源，拓展成为多元化人才培养模式并存，搭建了人才培养高效快速的"立交桥"。

1997年，为加强药品检验技术队伍建设，特别是高级人才的培养，原中国药品生物制品检定所与中国药科大学联合开办"全国药检系统硕士研究生课程进修班"；2007年原中国药品生物制品检定所又与沈阳药科大学联合举办了针对地（市）级药品检验所的研究生培训。至今，已为全国食品药品检验机构培养了300余人，其中近200人获得硕士学位。这些在职培训的研究生现大都成为了各药品检验所的技术骨干和学科带头人，其中许多人还陆续走上了领导岗位。该项目的成功实施，为全国药品检验系统培养了一批中坚力量，为整个药品检验队伍素质提高产生了极大的推动作用。

全国药品检验系统在职教育经验交流暨研究生课程进修班十周年庆祝大会

🎥 链接 1981年，原中国药品生物制品检定所成为国务院首批硕士学位授予单位；2008年，经国家人事部批准设立博士后工作站。至今已培养硕士研究生200多名。

原中国药品生物制品检定所学术委员会成立大会

时任中国食品药品检定研究院院长李云龙为博士后工作站揭幕

中国食品药品检定研究院培养的部分研究生合影

　　自2001年开始，每年举办全国食品药品检验所所长培训班，就政治理论、时事形势、法律法规、科学管理、检验新知识等方面对全国省级、计划单列市、口岸药品检验所所长进行培训，促进相互交流。几年来，接受培训的食品药品检验所所长已达300人次，打造了一支政治素质高、管理能力强的领导团队，极大地提高了药品检验系统的整体领导管理水平。

　　（链接）2008年，在国家食品药品监督管理局支持下，原中国药品生物制品检定所与国家食品药品监督管理局培训中心共同开展全国地市级食品药品检验所所长培训，这是新中国食品药品检验史上第一次由国家食品药品监督管理局组织的，对全国地市级食品药品检验所所长进行的集中培训，在两年时间内分四期对全国地市级食品药品检验所所长进行培训。

为消除不同地区食品药品检验机构的检验能力差距，组织对西部地区食品药品检验机构开展对口业务培训。通过对口培训推动了全国食品药品检验系统均衡发展，为西部地区药品技术监管水平提高发挥了积极作用。

🎥(链接) 2006～2007年，在国家食品药品监督管理局的支持下，原中国药品生物制品检定所与北京、上海、江苏、广东、黑龙江5个食品药品检验所分4期共同对139名新疆药品检验系统的专业技术人员开展了对口培训。2008年5月开始，原中国药品生物制品检定所组织北京、上海、天津、山东、江苏、广东、浙江、黑龙江、辽宁、广州10个食品药品检验所共同对甘肃、青海、宁夏西北三省（自治区）食品药品检验所的业务技术人员开展了对口培训。仅2013年一年，全国检验机构共开展支援西部项目28项（次），为西部业务培训114次，培训5300多人次。

"合作促进提高"，通过国家公派、项目合作等途径选派药检人员在国外大学、科研院所及检验检测机构接受短期或长期培训、学习专业技术、从事科研工作、攻读学位，造就了一大批具有国际视野的高素质检验人才，有力推进了我国实验室管理水平、检验能力与国际接轨。

🎥(链接) 2013年，全系统共执行国际合作项目48项，举办国际会议12次，出访435人次，国外来访专家280人次，先后有264人次参与国际培训103次。积极参加国际实验室比对和能力验证活动，深化与世界卫生组织（WHO）、英国、德国、加拿大、欧盟、美国、日本等国际组织或国家先进实验室的双边交流与合作。

桑国卫、俞永新
两位院士

多年的积累和发展，我国食品药品检验系统涌现出了桑国卫院士、俞永新院士，涂国士、邹邦柱等多位世界食品药品检验权威专家，以及一大批国内外知名的食品药品检验专家，不仅带动了国内食品药品检验技术和管理水平的提升，也扩大了我国食品药品检验机构的国际知名度和影响力。

3. 检验先锋，孜孜追求

在长期的检验实践中，一代代食品药品检验工作者艰苦奋斗、爱岗敬业、无私奉献、认真负责、严谨求是、勇于担当，这其中不断涌现出先进人物、模范典型，为我国食品药品检验工作者描绘出浓墨重彩的光辉形象。

艰苦创业中坚守为民情怀

新中国成立初期，在全国相继成立食品药品检验机构。创业之初，横亘在创业者面前的永远是废墟与荒芜。面对人员少、地方小、仪器设备简陋等艰苦、恶劣的工作环境，食品药品检验工作者没有被困难吓倒，而是"有条件要上；没有条件，创造条件也要上"。

[链接] 北京市延庆县药品检验所成立时，没有自来水和清洗设备，每次只能抱着检验器具跑几十里的山路去市里。条件恶劣，人员不齐，工作只能是凭着现学的一些检验知识做一些简易的检验。门头沟地处山区，地形复杂，交通不便，给药品抽检工作带来了极大困难，短途的要骑好几个小时的自行车，长途的要坐好几个小时的火车。为了执行抽检任务，检验工作者披星戴月，起早贪黑。

抗美援朝期间，原中国药品生物制品检定所通过检验发现志愿军前线用药中的质量问题（如外商经营的维生素A原料和制剂、破伤风制剂等质量不合格），以严谨科学的数据，驳斥了外商的无理狡辩，及时保证了志愿军战士的用药安全。

新中国成立初期，云南省边疆地区出现大量散装盘尼西林片（美国生产）在摊贩市场出售，既无外包装，也没有出厂生产日期，引起了有关部门的重视，怀疑是过期产品。经药物食品检验所（现云南省食品药品检验所）抽验数批，含量项目均不合格，予以取缔，使外国商人认识到中国人民政府是有机构、有能力进行药品质量管理的，再也不敢肆无忌惮地向我国倾销过期失效的药品。

坎坷成长中牢记为民使命

"文革"期间，食品药品检验工作被迫处于停顿状态，在局势动荡、无法开展正常药品监督检验工作的情况下，食品药品检验工作者始终没有放弃自己肩负的使命，坎坷的岁月锻造了食品药品检验工作者甘于奉献、勇于拼搏的精神。

链接 1971年，北京市药品检验所派28位同志赴山区农村帮助开展中草药采种制用工作，前后用了28天时间，风餐露宿，千里野营，走遍了长城内外；又派出8位同志赴房山、延庆、门头沟、顺义4个区县80个公社所辖山地平原参加中草药资料普查。同年下半年又逐步恢复业务，完成检验521件，新药审批107件。

20世纪70年代，青海省药品检验管理所革命领导小组（现青海省食品药品检验所）职工采集中药材标本。

不论是创业初期的自力更生、艰苦奋斗，还是坎坷成长中的坚守岗位、无私奉献，这些优秀品质都包含着"为民"的神圣使命。

改革开放中弘扬为民精神

改革开放以来，食品药品检验发展呈现出日新月异的喜人局面，检验工作也越来越受到国家的重视。条件好了，成绩多了，但检验为民的精神依然不断发扬光大。

1995年在检验某生物制品所生产的40批冻干麻疹疫苗时，原中国药品生物制品检定所发现其中一批疫苗血清残余量高达1000μg/ml，超标一万倍，他们立即通知该所封存该批疫苗，并将已发到使用现场的十多万人份制品如数追回，防止了一场大范围恶性事故的发生。

2007年7月的一天，厦门市杏林区一村民因误服不明草药出现严重中毒症状，被送往杏林医院重症监护室抢救。由于医院无法判断草药的种属，抢救工作遇到极大的困难。人命关天，面对患者家属悲伤无助而又充满期望的眼神，厦门市药品检验所中药科主动请缨，在所里打响了一场与时间赛跑的排查战。大家兵分三路，一路向医院和患者家属了解患者的中毒症状，一路查阅相关的中草药资料，一路开展实验室的性状鉴别。经过两个多小时的努力，检验工作者最终证实该草药为钩吻，也就是传说中神农尝百草时误食而死的"断肠草"。医院根据这一结论制定了科学的抢救方案，中毒村民因为抢救及时脱离了生命危险。

2009年12月14日，成都市发生了一起因食用党参炖猪肉引发的食物中毒事件，在当地引起强烈反响。事件发生后，成都市食品药品检测中心立即启动应急预案，组织精兵强将展开检测工作，检验工作者根据送检党参药材的外观特征查阅相关资料，分析可能因素，最后检验出该党参药材实际为茄科植物华山参，同时还检出其含有较高的莨菪碱。这种华山参所含有的莨菪碱具有散瞳、抑制腺体分泌、兴奋呼吸中枢、抑制大脑皮质、扩张毛细血管、松弛平滑肌等药理作用，一旦使用过量，就会引起较为明显的毒性反应。此起食物中毒事故的原因就是餐馆在烹制炖猪肉时加入了大量的华山参。真相大白后，这起食物中毒事件迅速得到平息，避免了事态的进一步升级和恶化。

就是在一次次日常看似平凡的检验中，广大食品药品检验工作者恪尽职守、认真负责、任劳任怨，以高度的责任感和职业敏感性，对检验中发现的产品质量问题，及时采取措施，有效防止了危害百姓生命安全健康事件的发生。

生动实践中涌现先进人物

不论是在一次次急、难、险、重的食品药品公共突发事件中，还是依法查处假劣食品、药品案件中，食品药品检验工作者在食品药品检验的历史长河中，不断涌现出一大批先进模范人物、模范典型，他们是努力践行"检验为民"核心价值理念的先进代表，是整个食品药品检验系统不懈奋斗、检验为民的缩影。

食品药品检验先锋——金少鸿。在食品药品检验系统中，大家都这样评价金老："一位默默奉献的技术工作者，终身致力于药品质量标准的研究"。金老从事药品检验检定工作40多年，在抗生素质量控制领域取得了一系列重要成果，促进了我国抗生素产业的持续发展；创建了具有国际领先水平的新型药品快速分析平台，已在全国广泛应用；作为国家级药品检验机构中化学药品检定的首席专家，金老在应对国内外重大药品安全事件中发挥技术领军作用，率领技术团队突破关键技术，为国家行政处置提供了强有力的技术支撑；他承担国际药典标准

中国药检先锋——金少鸿工作图

起草工作，创新药品质量评价体系，引导全国药品检验队伍进入药品质量与药品安全有效相关性研究的新领域，推进了药物分析学科的发展，提升了我国药品检验检定的国际地位。

【链接】 金少鸿同志先后获得国家科技进步二等奖2项、省部级科技进步二等奖4项、授权发明专利7项。自1994年获正高级职称以来共发表论文250余篇，培养博士、硕士30余名。连续担任6届国家药典委员会委员，4届WHO国际药典和药品专家委员会委员，2届美国药典会标准物质专家委员会委员。

食品药品检验女杰——高立勤。她忠于党的事业，一心为民，在平凡的岗位上恪尽职守，奋勇争先，她把青春和生命奉献给中国食品药品检验事业。看似平凡的42年历程，她却留下了一个个闪光的印迹。人们称她为学术造诣深厚的药检专家、维护百姓生命健康的安全卫士、尽显共产党员本色的党的优秀女儿。为民成为她的使命，她总是按法律法规和技术规章办事，毫不动摇地恪尽职守，让百姓用上安全有效的放心药，把"药害"消灭在萌芽状态。她常说，心中装着人民利益，时刻牢记职业道德，就能激发强烈的责任感、使命感，从而实现人生价值。

高立勤生前交流访问、陪领导视察

高立勤曾经这样说道：药品检验工作是为药品监管提供支撑和依据，落脚点是维护人民群众的生命健康与安全，而严谨、求实和高度的责任心是做好这项工作的关键。

鲁迅先生曾在《中国人失掉自信力了吗?》一文中有过这样精辟的论述:"中国自古以来,就有埋头苦干的人,就有拼命硬干的人,就有为民请命的人,就有舍身求法的人……他们是中国的脊梁。"在食品药品检验工作60多年的生动实践中,涌现出了潜心钻研,勇攀检验科学高峰的药检专家;默默奉献、鞠躬尽瘁的药品检验所长;励精图治,艰苦创业的药检开拓者;锐意进取、技术管理一肩挑的药检"多面手";一心为民、练就一身绝活的检验卫士。他们有的工作在大城市,有的长期扎根于基层;有的奋战在雪域高原,有的守护着苗岭壮乡百姓的饮食用药安全;他们有的曾获得过多种荣誉称号,有的一直默默无闻。但是,他们都有一个共同的特点,就是对食品药品检验事业的忠诚,他们就是"中国药检"的脊梁。

——生动诠释:检验作用日益凸显

历经60多年发展变化,我国食品药品检验系统始终充分发挥着不可替代的对监管的技术支撑、对市场的技术监督和对产业的技术支持等作用。

1. 安全监管的"半边天"

食品药品安全工作必须通过强化检验体系的技术支撑,来实现科学监管和效能监管。多年来,在对食品药品实行科学监管、效能监管的过程中,食品药品检验机构通过参与一系列重大专项整治行动、重大突发事件的快速反应、迅速处置、有力保障,让政府看到,检验机构作为食品药品安全监管的有力技术支撑,能够撑得起一片天;让公众看到,检验机构作为人民生命安全的守护卫士,是值得信赖的。

技术引擎　组合出击　严厉打击

专项整治：政府出于整治某种市场行为、某个行业或者突出的社会问题的需要，由主管部门或多个部门，在一定的时期内集中人员、集中精力针对特定内容和对象开展集中打击或整治的行为。它具有针对性强、投入大、时间短、见效快等特性，因而得到了群众的广泛支持，体现了监管部门执法为民、监管为民的宗旨，是监管部门快速回应人民群众需要的一种表现。

2013年至2014年，针对社会反映强烈的主要问题，新组建的国家食品药品监管总局打出药品"两打两建"、保健食品"打四非"、医疗器械"五整治"的"组合拳"，开展重点领域突出问题的专项整治和综合治理行动。

专项整治行动时间紧、任务重，对检验的要求不仅要"准"，更要"快"。全系统充分发挥雄厚的技术力量，在系列专项行动期间，完成药品检验8756批次；在中药饮片违法染色问题专项抽验中，检验中药饮片397批，证实22批存在染色问题；检验保健食

品8714批次，检出不合格产品530批次，为监管部门查处违法企业、移送违法案件、曝光不法行为、规范生产经营秩序提供有力支撑，有力地配合专项整治，解决了突出问题。

[链接]　2013年，北京市药监、公安部门陆续接到群众举报：有不法分子利用互联网微博、微信、QQ群、淘宝网等平台，发布销售来自泰国的标有"YANHEE"（燕嬉）字样的减肥药品。经查，网上确有大量销售该减肥药的信息，同时发现已有人因服用该药产生毒副作用而住院治疗。为协助公安部门尽快截断假药销售渠道，尽量减少假药给消费者带来的生命健康损害，北京市药品检验所迅速组织技术力量，利用多年积累努力建立的多种非法添加药品筛查平台，对"YANHEE"减肥药样品进行筛查检验，第一时间拿出检验结果。结果为该药品含有西布曲明、马来酸氯苯那敏、呋塞米、氟西汀、比沙可啶等西药成分。因西布曲明有抑制中枢神经、严重损伤肝肾功能等副作用，国家食药监局已于2010年10月禁止生产销售使用含有西布曲明的药剂，且上述药品为未经批准进口的产品。依据检验结果，北京市药监局根据《中华人民共和国药品管理法》规定，认定该药为假药，并与北京市公安、北京海关正式成立专案组，陆续在北京市朝阳、海淀、丰台、通州、昌平等地对部分涉案人员开展清查抓捕行动，共抓获孟某、张某某、赵某等犯罪嫌疑人33名，捣毁销售窝点9个，查获假药2500余包，约70万粒，涉及全国20余个省市地区消费者。该案是北京市破获的第一起境外假药入境销售案，被国家食品药品监督管理总局列为药品"两打两建"专项行动十大案件之一。

药害应急　人命关天　争分夺秒

药品安全突发事件事关广大人民群众的生命安全，其处置可谓是与时间赛跑，容不得半点迟疑。检验机构能否及时从技术上找出不良药品的内在原因，或者确定药品是否存在非正常的质量问题，是应急处置成败与否的最重要、最关键的环节。

多年来，在"齐二药"、"刺五加注射液"、"铬超标药用胶囊"等突发事件中，食品药品检验机构及时应对、科学推断、找出真凶，圆满完成药品安全突发事件的应急检验，配合监管部门在第一时间发布应急抽验信息，为控制事态的发展，正确处置问题提供科学依据，得到了公众的认可。

> **小贴士**
>
> 药品是一柄"双刃剑"，一方面可用来防治疾病，另一方面也可能引起不良反应，危害健康甚至生命。尽管人们通过长期的科学研究与实践明确了药品的适用范围、用法用量、配伍禁忌，努力降低药品的使用风险，然而人们还没有认识到的药品毒性风险和药品使用中人为因素带来的问题以及可能会给使用者的生命或身体健康造成损害，最终酿成药品安全突发事件，也就是平常人们说的"药害事件"。

[链接] 2001年9月，湖南省发生黄柏胶囊"梅花K"中毒事件，70余位受害者通过株洲电视台播放的"梅花K"黄柏胶囊广告认识并购买了这种号称能治疗包括淋病等各种妇科杂症以及男性疑难病的神奇药物，服用后却出现了不同程度的头晕、呕吐、腹部疼痛等症状，最严重的受害者至今仍为植物人。经医疗机构诊断，以上症状皆是因"梅花K"黄柏胶囊中毒所致。经湖南省药品检验所检验，证实"梅花K"黄柏胶囊中违反国家药品生产管理规定添加有四环素，其标准远远超过了国家有关部门所准许的安全范围。在证实假药掺

有四环素后，原中国药品生物制品检定所和湖南省药品检验所先后用TLC、HPLC等多种方法对"梅花K"样品进行比对分析，查明中毒原因在于造假过程中干燥温度过高，导致掺入的四环素降解为毒性很高的脱水四环素、差向脱水四环素。

图为药检技术人员参与"梅花K"中毒事件应急检验

2006年5月，广东发生"齐二药"药害事件，广东省药品检验所接受应急检验任务后，在查阅大量中外文献资料的基础上，根据产品处方工艺，设计了比对实验方案，以急性毒性预试验为突破口，先后采用了紫外光谱、高效液相色谱、红外光谱、气相色谱等一系列现代仪器分析技术进行质量排查，历时5天5夜，查明此批问题药品中含有有毒有害物质二甘醇，查出致命根源是齐二药厂相关责任人员以有毒的二甘醇冒充丙二醇作为药用辅料生产亮菌甲素注射液，为国家局肃清药害摸清了线索。

2008年，云南省红河州发生"刺五加注射液事件"，云南省食品药品检验所迅速组织技术力量，在中国食品药品检定研究院专家的指导下，打破常

检验工作者在进行应急排查

规，对浑浊样品采取直接染色镜检，30分钟内初步判断为细菌污染，12小时内确定为细菌污染，比传统方法加快13天，为案件的侦破提供有力的证据。

突发疫情 净化市场 敢于担当

"非典"、"甲流"等疫情的发生和蔓延，给人类带来严重的灾难和恐慌。尤其在"非典"期间，从市场销售的商品到防控疫情的特殊药品，随着疫情的蔓延，抢购风开始蔓延到全国，板蓝根等预防和治疗呼吸道疾病的药品价格成倍增长。在高额利润的驱使下，不法商贩利用人们的恐慌和从众心理，大肆造假售假，发起了"灾难财"。一时之间，满街的假药、假器械和弥漫着的"SARS"病毒一样嚣张。在这场没有硝烟的抗疫战场上，"中国药检"坚守岗位，勇于担当，竖起了一面"药品、医疗器械安全保障"的大旗，与广大群众并肩战斗。

〔链接〕 2003年4月22日，北京市药品监督管理局接到医药企业举报，其订购的北京某医用卫生材料厂生产的纱布口罩存在质量问题。劣质口罩进入了医药经营主渠道！这个信息引起了高度重视，经稽查人员现场取证，封存扣押近3万只伪劣医用口罩。这一案件使紧急制定防护用品技术监督标准的问题提上日程。当日，党中央、国务院领导下达指令：紧急制定医用防护服、医用防护口罩、脱脂棉纱口罩三项国家标准。国家食品药品监督管理局把这个光荣而艰巨的任务交给了北京市医疗器械检测中心，并限定在4月28日完成。六天内完成三个国家标准，在任何国家都是史无前例。北京医疗器械技术骨干人员克服无数困难，以非常时期焕发出的非常精神，创造出了令人难以置信的奇迹。4月28日，《医用防护服》、《医用防护口罩》、《脱脂纱布口罩》三个国家标准如期完成。这些标准的出台，完善了我国医用防护及相关产品的监督依据，促进了我国医用防护技术与国际的接轨，纠正了普通口罩、普通防护服用作传染病隔离防护的错误。当国家食品药品监管局领导向国务院领导汇报时，吴仪副总理称赞说：你们做了一件有前瞻意义的基础工作。

除紧急制定防治突发疫情用药用械标准提供技术支撑外，"非典"、"甲流"等疫情期间，食品药品检验机构始终以抗击疫情物资为检验重点，本着"标准不降低，程序不减少，快事快办，急事急办"的原则，开启检验绿色通道，完成对防治疫情的中药材、中成药、化学药、抗生素类药品及医疗器械的应急检验工作，确保药械紧急安全投放市场，为战胜突发疫情提供保障。

抗震救灾　全力保障　共渡难关

一方有难，八方支援。在发生严重自然灾害时，最重要的是把好灾区药械供应的质量关，不让非法牟利者乘虚而入，防止发生群体性饮食用药不良事件的次生灾害，同时承担着国内外大量救援药品器械的紧急检验任务，向灾区人民奉献一份用药用械安全有效的爱心。

[链接] 2008年汶川大地震发生后，全国药品检验系统紧急建立绿色通道，加快对救灾药械的检验和生物制品批签发。四川省药品检验系统克服精密仪器受损等困难，启动应急预案，应用快检技术，发现中药材伪品36个、问题药品9批，清理出不符合要求的国外捐赠物约300吨，有效保障了灾区药械使用安全。上海中心、广州中心组建了赴四川灾区境外医疗器械检验工作组，对境外捐赠的心电监护仪、血液透析设备等实施现场检验。工作组在艰苦的条件下，短时间、高质量地完成了各项检测任务，确保了四川灾区境外

捐赠医疗器械的使用安全质量保证。2010年青海玉树地震灾情发生后，青海省食品药品检验所先后四次派出8名专业技术人员奔赴抗震救灾一线，共筛查捐赠药品798批次。此外，全所职工放弃公休日，加班加点对219批次抗震救灾捐赠药品进行检验。实现了"不让一粒不合格药品流入灾区"的目标。在2011年云南盈江地震、2013年四川芦山地震、2013年甘肃定西地震等自然灾害中，全国各级食品药品检验机构积极投身于迅速完成救援药械的紧急检验中，迅速筛查抗击灾害药械，查出问题药品的根源，为确保灾区人民群众用药用械安全提供技术支撑。

时任中国药品生物制品检定所党委副书记丁丽霞带队赴四川灾区指导抗震救灾药品检验工作

四川省药品检验所工作人员在抗震救灾中

重大活动　全程参与　保驾护航

改革开放以来，随着我国综合国力不断增强，国际合作交流进一步深化，在我国举办的国际性大型赛事、博览活动日渐增多。食品药品安全保障工作，无疑是保证活动成功举办、树立国家形象的关键。2008年北京奥运会、2010年上海世博会、2011年深圳大运会……在运动员驰骋赛场的同时，食品药品检验工作者始终保持科学严谨的工作态度，在自己的岗位上履行着保障饮食用药用械安全的神圣职责。

[链接]　2008年北京奥运会开幕前，北京市组成了40人的奥运药品应急检验小组，负责保障奥运期间药品和医疗器械使用安全。北京市药品检验所和医疗器械检验所对检验装备进行了全面升级，根据奥组委提供的产品目录制定了整体检验方案，对检验所需时间、检品数量、检验标准、人员配置、培训、高通量快速检验方案等进行了全方位落实，有效确保了奥运药械检验质量和用药安全。青岛市药品检验所作为2008年奥帆赛、残奥帆赛赛事药品质量检验指定机构，接到任务后第一时间启动药品检验所奥帆赛药品应急预案，调动全部检验力量，加班加点，克服一切困难，在26天内圆满完成全部228个品种238批样品的检验任务。

青岛市药品检验所奥帆赛药品检验

中国食品药品检定研究院2.5代快检车，进驻深圳大运会赛场

除大型国际国内赛事活动外，国家重大政治任务、外交任务也有食品药品检验机构提供技术支撑与保障的身影。

链接　2012年8月31日至2012年11月26日，海军866医院船远赴亚丁湾和吉布提、肯尼亚、坦桑尼亚、塞舌尔、孟加拉国执行"和谐使命-2010"任务。为确保履行好这项任务，总后卫生部药品仪器检验所派出三位技术骨干组成专家组，负责"和谐使命-2010"人道主义医疗任务期间对866舰医疗设备进行伴随保障。共检验866舰医疗设备147台（套），维修CT、呼吸机、麻醉机、生化分析仪等设备32种71台（次）；完成护航舰队887舰、998舰医疗设备全面检修，现场检修各类设备32台（套）；并对866舰医疗设备管理情况进行了分析，针对医疗设备的配备、管理、使用、维护保养提出建议和意见，对医疗设备管理人员进行了技术培训，为医院船的正常运转提供了有力的技术支持。此外，应吉布提国家卫生部的请求，赴吉布提贝尔蒂国立医院进行医疗设备检修，共检修X线机等设备共计12台（套），并在现场检修、明确故障的基础上，根据当地及医院船的实际情况对各台设备进行了适当处理，圆满地完成了检修任务，得到了贝尔蒂医院方面的认可和感谢，充分展示了"中国药检"的良好形象。

中外专家技术交流

提升标准　严把尺子　保障安全

国家药品标准不仅是药品质量管理的基础，也是药品监管的技术依据，是一个国家药品质量控制水平的体现。药品标准作为药品安全的"尺子"，其完善与否将直接影响上市药品质量控制水平的高低，影响到能否保证上市药品的安全有效。新中国成立至今，随着我国医药产业从无到有、从小到大、从弱到强的发展进程，食品药品检验机构始终立足于产业发展，遵循药品质量发展规律，由"标准控制"向"控制标准"转变，不断提升国家药品标准，借助标准提升的"杠杆效应"，逐步提高公众用药安全水平，实现医药产业结构调整，形成以标准促进用药安全、以标准支撑行业监管、以标准引导产业发展的工作格局。

在历版《中国药典》编制工作中，检验机构广泛参与标准的起草与制修订工作，并结合国家科技攻关计划和科研项目的开展，广泛汲取科学的标准管理理念和先进的科研成果，不仅增加了收载的品种数量，许多品种还在原有外观和理化鉴别的基础上，增加了现代定量定性检测

> **小贴士**
>
> 国家药品标准是国家为保证药品质量所制定的质量指标、检验方法以及生产工艺等的技术要求，包括《中华人民共和国药典》、药品注册标准和其他药品标准。

> **小贴士**
>
> 《中华人民共和国药典》（简称《中国药典》）是国家为保证药品质量所制订的法典，是药品生产、经营、使用、检验和监督管理部门共同遵循的法定依据，是国家药品标准的核心。根据《中华人民共和国药品管理法》的规定，由国家药典委员会组织《中国药典》编纂。

方法和对农药残留量、重金属含量的限度规定，大幅度提高了国家药品标准的科学性和药品质量的可控性，同时又体现了实用性和可操作性。2007年至2013年，各级食品药品检验机构累计完成国家药典标准制修订6516个品种。

【链接】至今为止，《中国药典》共出版了9版，分别是1953年版、1963年版、1977年版、1985年版、1990年版、1995年版、2000年版、2005年版和2010年版。其收载范围从1953年版收载化学药为主，到1963年版分为一部、二部分别收载中药和化学药，2005年版又将《中国生物制品规程》并入，作为《中国药典》三部；收载品种数目从最初的531个增加到现在的4567个，制剂剂型由10种增加到44种，通用检测方法从48个增加到127个。可以说，每5年一版的《中国药典》都在不断进步和提高。特别是2010年版《中国药典》的颁布，把我国药品质量控制水平向前推进了一大步，实现了整体上基本接近国际先进水平的标志性进步。

在中国药典、局（部）颁标准、局（部）颁补充标准、中药材和中药饮片标准、民族药和民族药材标准、医院制剂规范等的起草、复核、评审、转正、提高、再评价中，药品检验机构都发挥着重要作用。

主持或参与了《药品检验仪器操作规范》、《中国药品标准操作规范》、《药品技术指导原则》、《红外光谱图集》、《中药材真伪鉴别彩色图谱》、《地方或民族药志》等的编撰工作，推动了我国药品质量标准制订水平的提高。

国家食品药品监督管理总局组建后，一个新的部门进入了人们的视线——科技标准司。这是国家总局成立后加强监管技术基础研究和提升监管技术支撑能力的新举措。它的成立向我们传递了"以标准为基础，以科研为提升"，积极发挥食品药品检验机构技术支撑的信心和决心。

链接 为探索和完善食品药品标准体系建设工作思路，国家食品药品监督管理总局科技标准司委托中国食品药品检定研究院开展了食品药品标准体系建设课题研究。2013年11月12日，科技标准司和课题组在北京召开食品药品标准体系建设课题研究会议，围绕食品药品监管工作重点，综合国内外食品药品标准发展趋势，梳理总结了我国食品、保健食品、药品、化妆品、医疗器械标准管理中制约监督检验的突出问题，研究讨论了食品药品标准体系的现状与需求、总体思路、发展目标和主要任务等研究方向。该课题研究目前进展顺利，其成果将为实现食品药品标准的科学化、规范化管理提供重要参考。

2. 质量提升的"助推器"

技术监督以法律为准绳，以标准为依据，以检验为手段，具有很强的科学性、公正性、权威性，这是任何其他监督手段无法替代的。不论是食品药品医疗器械的日常监督抽验，还是监管部门对于重点产品、重点区域以及重点问题的查处，食品药品检验机构在技术的刀锋对决中，充分发挥"魔高一尺，道高一丈"的科技本领，做好公众饮食用药用械安全的"守护者"。

监督检验默默展现技术监督实力

对药品质量进行监督检验，是发现和打击假劣药品，保障上市后药品质量安全的重要手段，也是药品行政监督、技术监督部门的法定职责。新中国成立以来，随着我国药品监管政策的变化，药品监督检验在满足药品监管需求的同时得到了长足的发展。但无论如何发展变化，药品监督检验始终是检验机构的重要职能之一，也是全国各食品药品检验机构不可或缺的一项常态化工作。多年来，"中国药检"始终恪尽职守，以科学、准确的监督检验结果，为安全监管提供技术依据，发挥对产品质量的监督效能，默默展示了技术监督实力。2012年，副省级以上食品药品检验机构共完成各类检品47万批，其中，药品监督抽验16.7万批。2013年，全国地市级以上机构共完成产品检验检测任务95.28万批，其中监督检验56.57万批。

> **小贴士**
>
> 药品监督抽验：对上市后的药品进行监督的重要措施之一，通过对生产、经营和使用环节的医药单位进行执法监督、药品抽样检验，发现质量不合格药品并采取相应的行政措施，从而打击制售假劣药品等不法行为、保证人民群众的用药安全。

🎥 **链接** 1978年，《药政管理条例(试行)》对药品抽验工作提出"取缔伪劣药品"的新任务——为查处假劣药品提供技术支持。1979年《药品检验所工作条例》进一步明确了药品检验所的药品抽验职责，1984年《中华人民共和国药品管理法》第一次从法律上明确了药品监督抽验工作的地位，使此项工作走上法制化轨道。1993年，国家规定对连续跟踪抽验两年不合格的药品吊销其药品批准文号，监督抽验的威慑力和效能大大提升。2001年修订的《药品管理法》重申对药品质量进行抽查检验的规定。2003年原国家药品监督管理局下发《药品质量监督抽验管理规定》，国家依法对生产、经营和试用的药品质量进行监督抽验，抽验分为计划抽验和日常监督抽验。2006年，国家食品药品监督管理局下发了《药品质量抽查检验管理规定》，规定国家药品抽验以评价抽验为主，省级药品抽验以监督抽验为主。这一变化，突出了药品质量抽查检验工作的针对性，使药品抽查检验工作目标更清晰，任务更具体，方向更明确，实施更到位。

复杂多变的食品药品监管形势，决定了药品监督检验不可能永远停留在单纯的标准检验。2008年以来，国家药品评价抽验机制进行了改革探索，在抽验中引入了药品质量分析项目这个重要步骤和关键内容，在按照法定标准检验的同时开展探索性研究，对药品的质量进行全面分析。2008年至2013年，检验机构共完成876个项目品种、15.27万批次的国家药品评价抽验工作，上报国家药品评价抽验数据15.27万条次，形成876份国家药品评价抽验质量分析报告，客观评价药品品种质量情况，科学评估药品质量风险，为确定下一步监管重点提供依据，有效提高药品监管的有效性和效率。

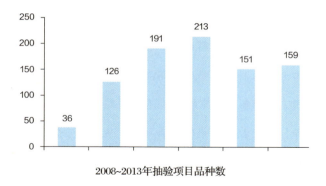

2008~2013年抽验项目品种数

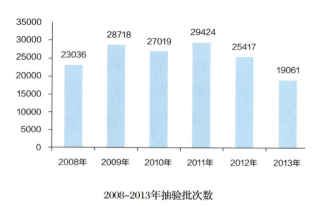

2008~2013年抽验批次数

🎥 [链接] 药品评价抽验在药品的质量监督中发挥了重要作用,一定程度上提高了药品企业的质量管理意识,违规违法生产现象得到有效遏制。以消炎利胆片为例,吉林省食品药品检验所于2010年至2012年连续3年承担了该品种的国抽工作,原标准以生物碱化学反应鉴别苦木,2010年承检单位通过探索性研究,发现部分企业为降低成本,非法添加盐酸小檗碱冒充苦木投料。2010年版《中国药典》一部消炎利胆片标准增加了苦木的薄层鉴别项,2011年质量评价结果显示,盐酸小檗碱检出率减低,而2012年抽取的213批次消炎利胆片均未检出小檗碱类成分,表明该非法添加现象已经得到控制。再以活血止痛制剂为例,2011年中国食品药品检定研究院在对该品种进行评价抽验时发现,方中使用的乳香存在松香掺伪的现象,继而采用薄层色谱法、高效液相色谱法和高效液相色谱–质谱法建立并报批了活血止痛散/胶囊/片补充检验方法。2012年，西安市药品检验所承担了活血止痛散/片的国抽工作，结果显示，样品中松香的检出率较2011年下降了61％。

科技手段打造技术监督"利剑"

随着药品行业的迅猛发展，药品的制假水平也不断提高，假劣药品呈现出范围广、流通快、制售手段及形式多变的趋势。"中国药检"通过科技创新，综合运用科学技术发展的成果，创造性地开启新技术、新方法研究，打造低成本、易操作、强机动、高效能甄别假劣药品的利器，亮出技术监督"利剑"，斩断不法分子的罪恶之手。

精确打击利用药品标准空隙非法添加化学物质的违法行为。在某些药品或保健食品中非法添加化学功效成分，导致出现超常疗效的"药品"或"保健食品"，但殊不知，这些非法添加的化学物质一般隐含着种种致命的副作用。检验机构研究并应用专属的新技术，补充新方法和新项目，对企图钻质量标准空子的造假者给予有力的打击。

🚗 链接 中药制剂和保健食品是非法添加化学物质的"重灾区"，常见的有：在镇痛类中药制剂中违法添加双氯芬酸，在抗风湿类中药制剂中违法添加非甾体类抗炎药，在降糖类中药制剂或保健食品中添加格列本脲，在减肥类中药制剂或保健食品中添加西布曲明等。2008年，广东省药品检验所发明的"药品、保健品和食品中枸橼酸西地那非掺杂的测定方法"荣获第十届中国专利优秀奖。运用该方法能快速筛查出中药制剂、保健品和食品违法添加的"伟哥"成分，从而满足了农村地区和检验技术条件落后的中小城市开展药品、保健品和食品监督检验的需要。

开发应用快速检验方法及工具。为节省检验资源，对市场监督检查过程中发现的问题做出快速有效的判断，检验机构研制出一些简便、快速、准确假劣药品的快筛快检方法或工具，利用简单的检验资源进行快速检验，对药品质量做出快速评价，对可疑药品进行暂控，缩短抽检周期，降低执法成本，进一步提高药品监管效能。

🎬 链接 2006年，原中国药品生物制品检定所承担的国家科技支撑计划课题"药品安全保障系统技术标准研制"，总结提炼出1000多种市场上的常见药物，将这些药品依据先功能后结构的方式分成4大系统（心血管系统、呼吸系统、消化系统和抗感染系统）133个小类，利用三年的时间研制出这些常见药品的现场初筛标准、近红外定性检验标准、化学快速检验标准、实验室快速确证标准，及高效液相（HPLC）授权标准、液相-质谱联用（LC-MS）授权标准。此套快速检测标准可将现场筛查到的可疑药品进行快速的确证，建立了一套发现可疑药品、核查并处置假药的绿色通道，不仅填补了国内这一标准领域的空白，还使我国的药品快检标准处于国际领先地位。

"移动实验室"祭出基层假劣药品"杀器"

据世界卫生组织（WHO）报道：假药占全世界药品市场的6%，假药在全球的年销售额达320亿美元，且制假行为大部分发生在发展中国家。在我国，随着近年来监管力度的不断加大，药品市场日趋规范，假劣药品品种、数量逐年减少，但由于基层监管力量较薄弱、基层人民群众自我保护意识差等原因，伪劣药品在基层药品市场屡禁不止。而传统的药品监督抽验存在着周期长、成本高等局限性，决定了监督抽验难以完全适应基层药品市场监管的需要。为适应监管形势的需要，以原中国药品生物制品检定所为主力的科研队伍在药品快速检验工作基础上自主研发出"移动实验室"——药品检测车，利用药品检测车的流动性，将药品监督检验工作向农村基层地区延伸，降低检验成本，扩大筛查范围，加强监督力度，切实让老百姓吃上放心药。

从2003年1月提出研制药品检测车的设想，到2003年11月30

小贴士

药品检测车以车为载体，在原有快速检验（化学反应、颜色反应、薄层色谱鉴别、显微检查）的基础上，集现代信息技术、无损伤检测技术与科学的监管理念于一体，"监、检结合"，把药品快速检验提升到一个更高的层次。

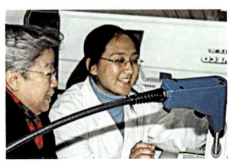

2005年吴仪副总理视察药品检测车

日，第一台药品检测车下线，历时短短10个月。自2004年开始，药品检测车先后在湖北、安徽、河南、四川和云南5省试运行。2006年3月2日，首批药品检测车21辆在河南省正式交付使用。到2006年10月，175辆药品检测车通过验收、培训，已配置到全国11个省（市）。到2013年10月，全国31个省（包括自治区和直辖市）已全部配备药品检测车，总计约410台。

药品检测车在全国范围内，特别是在县以下农村基层，为净化药品市场、打击制售假劣药品犯罪分子、保障各族人民群众安全用药发挥出重要的作用。

3. 产业发展的"加油站"

就药品而言，自20世纪90年代以来，我国生物医药一直保持年均15%~30%的增长速度快速增长，大大高于全球医药行业年均不到10%的增长速度。2010年，我国医药市场规模超过7000亿元，是全球第三大药品市场。按照这个发展速度，2020年前，我国将成为仅次于美国的第二大药品市场。"十二五"期间，我国力争从医药大国向医药强国突破。目标的提出让我们为之振奋，然而中国医药产业由大国向强国突破则任重而道远。切实发挥技术优势，助推医药产业发展，是检验为民的内在要求之一。知行合一方为贵，检验机构提升技术引擎马力，成为医药产业发展的"加油站"。

填补标准空白　为产业寻求新支点

近20年来，我国民族医药产业的发展经历了巨大的变化，民族医药产业的异军突起，已形成我国医药经济的重要产业链，成为我国部分省区的支柱产业，更是成为医药产业发展一个新的增长点。

[链接] 2002年，国家食品药品监督管理局将435个民族药地方标准转为国家标准，包括藏、苗、傣、蒙、维、彝药6个种类922个国家标准，成药共865种。这些民族药上升为国家标准后，推动民族医药产业成为经济发展一个新的增长点。近年来，云南、贵州、青海等省区已把发展民族药列为优势产业和新的经济增长点，云南省、青海省都出台了《"十二五"生物医药产业发展规划》，贵州省出台了《"十二五"民族医药和特色食品及旅游商品特色产业发展规划》，把医药产业作为该省的优势产业。目前，民族药材占全国药材资源总数的70%左右，全国约有民族药生产企业120家，民族医药成药品种已有600多种，主要生产藏、蒙、维、苗药等民族药品种。

但民族医药的发展也存在不少"短板"，其中最大一块就是薄弱的民族药质量标准。对于民族药的发展，民族药材标准的研制及申报是充要条件，民族药材标准的缺乏，使得民族药的申报难度增加，民族医药的产业化发展也无从谈起。医药行业只能守着丰富的民族医药资源而望洋兴叹。

[链接] 2007年，新的《药品注册管理办法》实施后，规定中成药中的中药材及以药材为原料的天然药和化学药都必须具有法定标准，否则新药不能获批准，并且也影响药品生产车间GMP的认证和已有药品生产上市。根据

《药品质量管理规范》的规定，无法定药材标准属严重缺陷项，生产企业随时面临相关品种的停产。民族药，包括傣药、彝药、苗药、藏药、壮药用药，大量品种均无法定药材标准，难以保证临床用药的安全有效，也影响了民族药新药、医院制剂的开发利用。以素有"药物王国"美誉的云南省为例，全省有药用植物资源6556种，但截止到2009年，有药材标准的仅有833种，民族医药开发乏力。

为产业发展竭心尽力，食品药品检验机构责无旁贷。从民族药材的正本清源，到建立科学的民族药质量标准，检验机构都发挥了技术领军作用，通过药材标准研究制定和提高工作，填补了我国民族药标准的空白，丰富完善了我国中药标准体系，为藏医、傣医、彝医等用药标准化发展提供了法律依据，为民族药的生产、经营、使用提供了关键技术支撑和法律保障，也为民族医药走向世界搭建了科学化标准化桥梁。

📹 链接　云南省食品药品检验所牵头开展的"云南省地方药材标准级饮片标准研究"科技项目，自2005年至2013年年底，共完成350个药材标准和188个中药饮片标准的制定和提高工作，共出版了《云南省中药饮片标准》2册，《云南省中药材标准》7册，其中彝族药标准3册，傣族药标准2册。2005年至今，药材标准的研究制定，不仅为云南省药品生产、流通、使用的监督检验提供了法定依据，也为缩短新药研发时间、提高药品注册评审效率、药品制剂正常生产经营创造了条件。据统计，在这些标准中，涉及的成药制剂5年累计实现生产产值60亿元，有力地促进了云药产业的发展。以臭灵丹草为例，2010年采用标准后，仅灵丹草颗粒单品种产值就达到了450万元。此次工作确立的地方药材标准研究制定基本模式，被誉为"云南模式"，为我国中药材标准研究提供了参考。

一致性评价　为产业注入驱动力

我国是仿制药的消费大国，也是仿制药的生产大国。在过去的几十年里，我国仿制药的研发与生产为满足国民用药需求做出了巨大的贡献。但随着经济社会的发展、科学技术的进步、公众对用药疗效要求的提高，我国仿制药存在的一些潜在问题也逐步显现，最大的问题就是质量与国际水准之间的差距显著。

> **小贴士**
>
> 　　仿制药：即原研药（又叫专利药）专利到期后原研制药企业之外的企业仿制该原研药而生产出的仿制品，又称非专利药。仿制药具有价格较低的优势，在提升医疗服务水平、降低医疗支出、维护广大公众健康等方面具有良好的经济效益和社会效益。与原研药相比，开发仿制药所需投资少、周期短、见效快。目前，无论是欧美制药发达国家，还是亚洲的一些新兴市场国家，仿制药均已成为药品消费的主流。

[链接]　上海市对2007~2009年进口药品和同期地方抽验药品的数据进行对比分析发现，进口药品检验总体不合格率均维持在0.1%以下，而国产制剂抽检不合格率为3%左右，国产药品不合格率高出进口药品30倍。同时，根据SFDA及各省药监局药品质量公告统计显示，2009年共有1209家企业被国家及19省市药监部门药品质量公告，2010年企业数增加到1246家，2011年企业数

为896家。这种质量上的差异不仅使中国药品的国际竞争力不及发达国家，就是与印度、巴西等发展中国家相比也相去甚远。

2012年出台的《国家药品安全"十二五"规划》中首次明确提出：全面提高仿制药质量，对2007年修订的《药品注册管理办法》施行前批准的仿制药，分期分批与被仿制药进行质量一致性评价，其中纳入国家基本药物目录、临床常用的仿制药在2015年之前完成，未通过质量一致性评价的不予再注册，并注销其药品批准证明文件。毫无疑问，此举将对中国的医药产业产生重大的影响，长远来看，这种影响完全可以演变成为质量提升和产业升级的驱动力。仿制药一致性评价从药品质量入手，可望从根本上解决长期束缚我国制药行业的"多、小、散、乱"的"顽疾"。放眼未来，完成仿制药的一致性评价正是中国医药产业升级之路的起点。

面对我国仿制药质量提升的这一历史性机遇，食品药品检验机构勇担当，不放弃，承担了一致性评价方法和标准的制定，为企业开展一致性评价、提高药品质量水平树立标杆。

2013年，国家食品药品监督管理总局在全国全面启动仿制药质量一致性评价，开展75个基本药物品种质量一致性评价方法和标准的制定，其中，16个品种为2012年试点品种。75个品种的质量一致性评价方法研究由中检院、29个省级药品检验所、6个副省级城市药品检验所承担，其中，中检院、浙江省食品药品检验所承担品种数最多。在药检工作者的努力下，2013年仿制药质量一致性评价方法研究任务已圆满完成。中检院除完成所承担品种的质量一致性评价方法研究任务外，还建立了仿制药质量一致性评价工作信息专栏，建立沟通平台，发布有关信息，引导和规范药品生产企业开展研究，保证评价工作的公开、透明，并加强对相关药品检验机构的组织协调和技术指导，完善相关技术指导原则，组织专家委员会对重大技术问题进行把关，建立药品生产企业参与方法学研究的机制，调动企业提升药品质量的积极性。这为下一步继续开展并圆满完成仿制药质量一致性评价打下了良好的基础。

技术创新联盟　助产业培育竞争力

科技创新将成为医药产业发展的主要驱动力，这已成为医药行业的共识。但我国医药创新能力和水平与国际发达国家相比还存在较大的差距，尤其我国刚刚建立国家药物创新体系，对于创新的认识有待提高，经验有待积累。医药产业的创新之路，且行且摸索。在此过程中，国家倡导的"产业技术创新战略联盟"被引入医药产业。产学研的合作机制，为医药产业科技创新注入"强心针"。食品药品检验机构充分发挥标准研究、技术指导职能，积极倡导或参与生物医药产业技术创新战略联盟的建设与发展，共同整合创新优质资源，提高技术创新效率。

〔链接〕2011年11月28日，云南省灯盏花产业技术创新战略联盟被云南省科技厅批准成为云南省第一批开展试点工作的产业技术创新战略联盟。该联盟是在云南省食品药品检验所的积极倡导和参与下，由红河千山生物工程有限公司牵头而申请创建的。该联盟以"引导产业发展、推动技术创

云南省灯盏花产业技术创新战略联盟揭牌

新"为宗旨，构建行业产学研结合的技术创新体系，提升自主创新能力。云南省食品药品检验所作为联盟重要成员单位，以"规范、指导、支持、服务"

为切入点，指导联盟的标准控制和科技创新，联合联盟单位开展了栽培灯盏花药材质量评价与标准研究等二次开发研究，促进了灯盏花产业的快速发展。

[链接] 2011年3月2日，由湖南省食品药品检验研究院为理事长单位牵头组建的"湖南药用辅料产业技术创新战略联盟"在长沙宣告成立。联盟由湖南省内十三家药用辅料教学、科研、生产、应用单位自发组织而成，宗旨是以企业为主体，运用市场机制集聚创新力量，加强联盟成员产学研结合，加快创新成果的大规模商业化应用。

业务指导支持　解企业质控之忧

药品质量是生产出来的。企业作为药品质量的第一责任人，必须自觉加强质量控制，提高药品质量水平，保证所生产药品安全有效。食品药品检验机构秉承建设服务型药检的理念，运用掌握药检技术和政策法规的优势，充分发挥技术服务功能，从不同角度和方式，对如何加强对企业的业务指导做出了有益的尝试，对共同提高药品检验水平、促进保障药品质量的安全网和技术链的建设、形成具有中国特色的技术保证体系起到了重要的推动作用。

[链接] 柴胡品种混乱及难辨真伪是长期困扰四川省中成药企业的问题，四川省食品药品检验所专门派出业务技术人员与成都中医药大学专家，深入柴胡栽培基地、中成药生产企业和基层药品检验所，从物种基原、栽培变异、产地与采收季节的差异等多层面进行分析，帮助企业解决了鉴定正品柴胡的关键性技术问题。

深圳市药品检验所从2005年起，多年为本地药企开展免费技能培训；合肥市食品药品监督检验所专门成立一支"技术咨询服务科研小组"，无偿的为企业提供技术支持；浙江省食品药品检验研究院开展"百家问计"活动，做好药企服务指导；重庆市食品药品检验所组织技术骨干到医药生产企业开展"实验室人员走进车间"活动，指导企业提高产品质量、改进生产工艺……全国各食品药品检验机构以不同方式加强技术监督指导药品生产的力度，共同提高药品质量安全控制水平。

如何更好地服务于企业发展？绝不仅是单纯的提高服务意识或优化送检工作，而是要将有限的技术资源使到"刀刃"上。食品药品检验机构通过研发合作、技术服务等多种方式，形成帮扶和监督合力，共同促进企业创新能力和核心竞争力的提升。

【链接】2010年，北京市医疗器械检验所与北京生物技术和新医药产业促进中心、中国生物技术创新服务联盟（ABO联盟）签署"技术服务支撑"合作备忘录，共同为北京市生物医药领域成果落地及成果承接方提供明确的、边界清晰的、可用于评估价值的技术支持。

2011年，北京市医疗器械检验所与中关村管委会签订了《共建北京市医疗器械检验所中关村开放实验室合作备忘录》。该合作以联合建设北京市医疗器械检验所中关村开放实验室为载体，以推动医疗器械产业规范发展和自主技术创新为目标，通过研发合作、技术服务等方式，形成政府帮扶和监管合力，共同推动中关村国家自主创新示范区医疗器械生产企业健康、持续的发展，扶持企业产品创新，提高企业的生产质量管理能力和核心竞争力。

北京市医疗器械检验
所和中关村共同签署
共建开放实验室合作
备忘录

——登高望远："中国药检"品牌的铸造

青春无悔，岁月留痕。在60多年的探索、实践和发展中，我国食品
药品检验工作者始终奉行"检验为民"的理念，正像一曲深情的《为了谁》
所传唱的那样，"为了谁，为了秋的收获，为了春回大雁归"。一代又一
代食品药品检验工作者用"满腔热血唱出青春无悔"，用生动的服务实践
书写了我国食品药品检验的壮丽篇章。

1. "中国药检"文化传承

任何一个组织都存在着自身文化，优秀的文化能够推动组织的发
展，而落后的文化则会阻碍组织的发展。从文化的本质属性来看，他会
带来一种非强制型的影响力。伴随着我国食品药品检验系统60多年的光
辉岁月，食品药品检验工作者积累、沉淀的优秀品格、思想精华形成了
其特有的"中国药检"文化。作为食品药品检验工作的物质和精神产物，
"中国药检"文化有其自身的内涵和特质。"为民、求是、严谨、创新"的
科学检验精神，正是"中国药检"文化内涵与特质最集中、最生动、最现

实的诠释与写照。我国食品药品检验60多年发展历程，不仅是光辉业绩的壮丽篇章，更是一代代食品药品检验工作者一路走来对"中国药检"文化的美丽赞歌。

> **小贴士**
> 广义的文化是指人类创造的一切物质产品和精神产品的总和；狭义的文化专指语言、文学、艺术及一切意识形态在内的精神产品。

优秀的文化传承着高尚的职业情操，弘扬着真善美的梦想，引领着文明与进步的追求方向。弘扬、传承"中国药检"文化必将使我们的检验事业从胜利走向更大的胜利。

当前，各级食品药品检验机构都把文化建设作为提升检验力、服务力的重要举措来对待，以科学检验精神作为内核，坚持"以人为本、与时俱进、全员参与、长抓不懈"的16个字原则，推进文化建设。具体来说就是：创造和谐的团队氛围，促进个人价值和药检事业发展的相互作用和相互促进；随着社会文化的发展而发展，大胆吸纳一切先进的、适合检验检测工作的外部文化建设优秀成果，推动检验文化建设不断深化；共同参与，同心协力，树立人人是文化建设的主人，人人代表"中国药检"形象的理念；要认定目标，坚持不懈、稳步推进，建立良好的反馈、修正机制。目前，很多地方食品药品检验机构在网站上专门开辟了检验文化的专栏、举办知识竞赛、读书月等形式多样的文娱活动，宣传和培育"中国药检"文化。

〔链接〕 2009年，时任中国食品药品检定研究院院长李云龙，就中国药检文化建设，接受了《中国医药报》记者的专访。

记者：您是如何理解系统文化的？您认为文化建设的原则和内容是什么？

李云龙：任何一个组织都存在着自身文化，优秀的文化能够推动组织的发展，而落后的文化则会阻碍组织的发展。优秀的药检文化可以使每一个成员都能深刻理解自己所肩负的使命，将药检职能的履行变成人人自觉的行动；通过药检文化建设塑造出具有共同理想信念、明确的价值取向、高尚道德境界的药检职工群体，使药检系统的全体人员信守共同的价值理念，树立共同的追求目标。

文化建设的内容包括四个方面：

理念文化强调中国药检的系统品牌，"一切为了人民生命安全"的系统精神以及"服从监管需要——为国把关、服务公众健康——为民尽责"的科学检验的本质特征和"爱岗敬业、团结协作、服务文明、清正廉洁"的行为准则。管理文化强调"国际一流、国内领先"的发展目标，"科学、独立、公正、权威"的质量方针，一条主线（检验检测能力建设）五个支撑（人才保证发展、管理服务检验、科研提升水平、文化创造环境、合作促进提高）的发展战略，"人才为本，体系发展，科学管理，赶超先进"的发展思路和"不断提高检验质量、安全和效率"的工作重点。另外，文化建设还包括中国药检之歌和视觉识别系统等内容。

记者：今后，中检所文化建设工作的重点将主要体现在哪几个方面？文化和制度应该怎样结合？

李云龙：我们根据目前的情况，重点从五方面入手建设系统文化。具体来说，首先，要践行中国药检理念，推动精神文化建设。其次，推动廉政文化建设，拓展党风廉政建设思路和有效路径。再次，不断丰富载体活动，推动行为文化建设。第四，优化工作服务机制，推动环境文化建设，健全文化宣传网络和氛围。最后，要倡导团结互助风尚，推动和谐文化建设，倡导人文关怀，加强沟通和交流。

通过这些年的工作，我们认为，文化对内是一种向心力，对外则是一面旗帜，它是制度运行的基础。具体来说，法规有达不到的地方，文化却无孔不入；再完备的制度，如果没有与之相适应的文化支持，也难以有效地发挥作用，甚至会出现所谓的"潜规则"。忠实履行检验职责，需要先进的思想和文化去牵引，文化建设的成效是中检所软实力之一。

2. "中国药检"品牌特质

文化是品牌的根基和依托，是凝聚在品牌上的机构核心价值，它通过品牌渗透到服务监管、服务公众、服务产业的全过程。文化作为品牌价值实现的手段和保证，它可以协调内部控制和外部影响的动态平衡。因而文化是"本"，品牌是"标"。文化与品牌两者都是塑造"中国药检"外部影响力与内部控制力的有力武器。科学检验精神作为"中国药检"文化的"内核"，它源于检验文化，又指导着检验品牌和检验文化未来的发展方向。

品牌作为文化对外展示的载体，是公众了解和认知食品药品检验机构的窗口，它以药检之歌、药检LOGO等生动、丰富的表现形式，弘扬了包括科学检验精神在内的"中国药检"多元化文化内涵。就像"中国药检文化建设手册"里描述的那样，我们采用显性要素、隐性要素和支撑要素全面系统的展示着"中国药检"品牌。

 小贴士

"品牌"一词来源于古斯堪的那维亚语brandr，意为"燃烧"，指生产者燃烧印章烙印到产品上。现代汉语词典中用"著名产品的牌子"来定义"品牌"。品牌是给拥有者带来溢价、产生增值的一种无形的资产，它的载体是名称、术语、象征、记号或者设计及其组合。

101

中国药检品牌LOGO

链接 《中国药检文化建设手册》中这样描述"中国药检"品牌——中国药检品牌显性要素包括：中国药检品牌、URL（中国药检网络系统）、中国药检品牌LOGO、中国药检宣传语、中国药检之歌、中国药检品牌宣传。中国药检品牌隐性要素包括：中国药检文化、科学检验精神、中国药检品牌定位、检验技术服务体验、产品质量服务体验。中国药检品牌支持要素包括：技术支撑条件、硬件设施条件、技术服务领域、技术权威性、结果公信力、综合技术服务能力。

中国药检品牌LOGO的寓意如下：橄榄枝，两束相对的橄榄枝环抱在两侧，是人类健康、和平友好的象征；天平，代表着公平、公正。显微镜，代表科学检验；中国药检，用红色突出强调全国药检系统一盘棋的思想；英文缩写NIFDC（National Institutes for Food and Drug Control）是中国药检与世界紧密联系的象征。

在"中国药检"60年的发展历程中，从注册检验到委托检验，从符合性检验到探索性研究，"检验为民"的神圣使命始终植根于食品药品检验工作者日常工作的每一个细节，正是这60多年来工作中的点点滴滴，勾勒和塑造出了"中国药检"的品牌。食品药品检验工作者在一次次国家重大活动、食品药品安全保障和各类应急突发事件中的勇于作为、敢于担当，将"中国药检"品牌发扬光大，在世人面前树立起维护公众生命安全的光荣品牌、信任品牌！

中国药检之歌

(合唱)

1=F 2/4

激昂、奋进地 进行曲速度

词：李云龙
曲：栾 凯

003 | 6060 | 503. 3 | 22. 3 | 6- | 202. 3 | 26. 6 |
在祖国 神奇 的 大地 上，成长 着 忠诚 的

15 | 30 | 6060 | 5030 | 2. 221 | 2- | 35 3 | 201. 1 |
卫 士，为 国 把 关，为 民 尽 责，守望 着 公众 的

2. 230 | 6- | 603 | 6060 | 503. 3 | 202. 3 | 6- |
生 命安 危。 在祖国 神奇 的 大地 上，

202. 3 | 26. 6 | 65 | 3- | 6060 | 5030 | 2. 221 | 2- |
有我 们 忠诚 的卫 士，科学 独立 公正权 威，

35 3 | 21. 1 | 7.7 | 65 | 6- | 6- | 6367 | 1235 | 63
是我们 铸起 的坚实防 线。 为了

6i i | 76 | 53. | 6. 5 | 12 | 3- | 3- | 63 | 6i i | 2i | 766 |
使命，为了 健康，为了 人民； 我们 播撒 无悔 无怨

7. 5 | 3i. 7 | 6- | 6- | 63 | 6i i | 76 | 53. | 6. 5 | 15. 6 |
热血与奉 献。 为了 使命，为了 健康，为了人

3- | 3- | 63. 3 | 6i i | 2i | 766 | 7. 5 | 3i. 7 | 6- | 6- |
民； 我们 用赤诚的 双手 托起 明天 的太 阳。

7- | 7. i | 2- | i7 | 7- | 7- | 6- | 6- | 6- | 6- | 600 ‖
明 天的 太 阳。

3. "中国药检"品牌战略

提炼并打造"中国药检"品牌，其目的就是让食品药品检验机构与
人民群众建立一种全新的信任，让老百姓明确、清晰地识别并记住"中
国药检"的品牌。对从事食品药品检验工作者来说也是一种自豪感与硬
约束。

"中国药检"品牌战略始于当下，着眼于未来。正像《中国药检之歌》中所传唱的那样，"为了使命、为了健康、为了人民"食品药品检验机构首先"肩负着神圣的检验使命，一切为了公众安危健康"。"中国药检"品牌既提出了全系统适应当前监管形势的发展要求，也给未来一个时期药检工作者的工作发展描绘出了共同的目标愿景。

"中国药检"品牌战略始于国内领先，着眼于国际一流。实施国际合作的跟随者战略、参与者战略和引领者战略，坚持不懈地学习先进，力争在全球检验领域有所作为，不断增强和扩大"中国药检"的话语权和影响力，为保障公众饮食用药用械安全，为中国医药产品走向世界而努力奋斗。这就是"中国药检"品牌背后的品牌战略。可以说食品药品检验工作者用过得硬的检验技术把好标准关口，树立我国食品药品检验机构在世界范围内的权威地位，不仅是为"中国药检"树立口碑和品牌，更是在为强大的中国树立良好的国际形象。

[链接] 世界卫生组织总干事陈冯富珍在原中国药品生物制品检定所建所（现中国食品药品检定研究院）60周年之际讲道："中国药品生物制品检定所是中国药品质量控制、检验检测领域的技术权威机构。60年来，你们凭借崇高的使命感、职业精神和精湛的检验检测技术赢得了世界同行的广泛尊重和认同，为保障中国民众用药安全有效做出了突出成绩，特别是与世界卫生组织开展了卓有成效的合作与交流，你们的工作为世界卫生事业的发展也做出了积极贡献。"

中 篇 8

善做善成

——检验为民的保证

导　读

　　解决好、实现好检验为民这个命题，既是认识论又是方法论，更是实践论。做好检验为民这篇"文章"，说一千道一万，就是要立足制度设计、环境营造、自觉实践，形成"三位一体"的检验为民保证体系。做到建章立制，筑牢为民根基；培育氛围，营造为民环境；坚持不懈，重在为民效果。一以贯之地把为民落实到检验工作的各个环节、全部过程。

第四章

筑牢检验为民的制度根基

检验为民需要制度跟进……制度建设需要科学的态度、审慎的作风、务实的精神……再好的制度也要保证执行到位、监督到位……

食品药品检验机构作为政府监管部门设立的技术监督机构，应当树立全局观念，在"政府、民众、企业"的三维空间中，体现检验为民理念，要做到这一点，需要制度建设作为保障。

——制度建设是全局性、根本性的问题

科学检验精神的"为民"是我国食品药品检验工作者必须坚持的价值原则。一方面，它要求食品药品检验工作者恪守高度负责、严谨认真、诚实守信的职业道德；另一方面，则要求高度重视制度建设对践行检验为民理念的重要作用，切实将科学、严谨的制度设计与执行转化成检验为民的实际行动。

1. 制度维护检验工作秩序

制度构建的重要作用在于保证良好的秩序，是各项事业成功的重要

相关法律法规

食品安全

法律法规是食品药品质量安全的制度保障

保证。"没有规矩，不成方圆"。规矩也就是规章制度，是用来规范和约束人们思想行为的规范和标准。制度建设是一个制定制度、执行制度并在实践中检验和完善制度的，没有终点的动态过程，从这个意义上讲，制度没有"最好"，只有"更好"。

具体到食品药品检验机构，就是按照国家法律法规规定，依据国家标准、行业标准，制定一整套覆盖检验工作全过程、各环节的规范、规程，以程序的完备性捍卫检验工作秩序。

链接 据说，世界上最早的交通法规是美国交通学专家威廉·菲尔普斯·伊诺制定的。1867年的一天，9岁的伊诺在马车里目睹了纽约市一个十字路口交通堵塞达30分钟之久，留下了很深印象。以后他常跟家里人到欧洲去旅行，每到一处，就观察当地的交通秩序，考察交通事故问题，并写下了大量的笔记。1880年，他在报刊上发表了两篇颇有见地的论文。从而引起人们的重视，之后纽约市的警察局决定请他出面制定交通法规。他在整理了自己的考察笔记基础上，起草了世界上第一个交通法规——《驾车的规则》，其条文1903年在美国正式颁布，由此把美国的汽车交通带入高效安全的世界。从此，世界各国积极仿效。交通法规随着交通事业的发展而发展，其法规体系日益完善和趋于合理。任何行业的健康发展都需要制定相应的制度，它保证了良好的秩序，是各项事业成功的重要保证。

2. 制度规范检验行为

检验为民制度建设的根本目的，就是通过不断提高制度建设的质量和水平，切实做到用制度管权、用制度管事、用制度管人，推进食品药品检验工作的制度化、规范化。

相对于一般的机构而言，检验为民制度的设计还在于建立一套规范的实验室操作管理体系，以保障检验流程规范，检验数据真实、可靠，检验过程更加科学。否则，检验数据及检验结论就会不准确、不真实，将会造成检验结果的失误和不公正。

【链接】 孟子曰：离娄之明，公输子之巧，不以规矩,不能成方圆。"规"是圆规，"矩"是曲尺，可见眼明如离娄、手巧如公输子的达人们没有圆规和曲尺也难以徒手绘方圆。于是，规矩一词更多地被引申泛指各种制度，其通常具体表现为要求大家共同遵守的若干办事规程或行动准则，如各种法律法规、规章制度等。从我国唐朝的《唐律疏议》到古罗马的《查士丁尼法典》，由中而外，自古迄今，制度始终是维持社会秩序、规范人类行为、构筑文明基础的根本保障。

3. 制度促进检验事业发展

制度是标本兼治的利器。食品药品检验事业的可持续发展离不开每一位食品药品检验工作者的努力和付出，让每一位食品药品检验工作者都能充满活力，并严格按照规范的流程，富有效率地开展工作，这需要制度做保障。

建立清晰的食品药品检验制度和职责，能够充分调动员工的工作积极性和工作热情，营造上下左右各方干事创业、创先争优的浓郁氛围，将使依法检验水平明显提高，行政效能显著提升，工作作风明显转变，实现检验事业的科学发展。

链接　美国市场研究公司Infonetics称，2013年中国科技公司华为超越了曾占电信设备领域主导地位的爱立信，成为了全球最大的电信设备服务供应商。这也标志着华为1996年以来二次创业的成功。事实上，华为二次创业的起点正是1996年制定《华为基本法》。用华为总裁任正非自己的话说，《华为基本法》不是凭空产生的，它是华为前期发展的归纳和总结。在任正非看来，华为产品的不断演变、市场的不断变化、组织建设的不断变革、管理模式的不断信息化，都是《华为基本法》需要明确的内容。以前，华为的这些行为都是盲目的、朦胧的，《华为基本法》使之变成清晰的、有计划的、有目的行为，对华为的未来起指导作用，从而提升管理水平。

——牢牢把握检验为民制度建设的内涵、要义

食品药品检验工作职责中强烈的技术性、标准性、严谨性等特征，必然对制度性的约束、规范有着更高的要求，制度建设必须以科学发展

观为统领。

1. 制度建设的基本原则

落实检验为民的制度建设，应坚持科学性、人本性、适用性的原则。确保制度的科学性是制度落实到位的前提。食品药品检验行为受到法定标准及检验方法、技术规范和科学规律的限制，其检验结果具有相对客观性。食品药品检验必须以科学公正为基本前提，必须依照严密的工作程序、操作规范进行，它具有自身独特的质量管理运行体系，为此，食品药品检验机构在进行检验为民的制度构建中必须把科学性摆在首位。一是符合规律性，这样才可以为检验工作者所认识和掌握。二是具有可操作性。制度过于细化、量化、标准太高太严，容易导致制度执行起来十分困难，或者执行成本过高；制度过于笼统，要么不知约束谁，要么无法确定谁违反了制度；三是具有有效性。制度应能减少、消除和预防质量缺陷的产生，一旦出现质量缺陷能及时发现和迅速纠正，并使各项质量活动都处于受控状态。

📹〔链接〕2013年6月18日，习近平在党的群众路线教育实践活动工作会议上强调："不管建立和完善什么制度，都要本着于法周延、于事简便的原则，注重实体性规范和保障性规范的结合和配套，确保针对性、操作性、指导性强。"食品药品检验的制度建设也要做到总书记说的确保针对性、操作性和指导性。

检验为民的制度建设的落脚点是为民，制度建设应坚持以人为本的原则。任何行业制定的相关制度都是为广大成员的行动提供操作规范，是对从业人员的各项行动确立约束性条件。这就需要在具体的管理中，注意将制度建设与人性化结合起来，充分体现人的价值。

落实检验为民的制度建设，还应注意坚持适用性原则。制度建设既不可能一劳永逸，也不是一成不变的。食品药品检验工作的各项制度要随着所处内外环境的变化和发展进行修订补充，以适应环境变化的需求。

2. 制度建设的基本特点

检验为民制度既有一般制度的共性，同时也体现食品药品检验的行业特点。因此，把握检验为民制度的特点，有助于更好地做好检验为民工作。

检验为民制度的特点首先是以为民为导向。其制度的制定、执行乃至更新、发展，都是以服务群众，保障人民生命安全健康为导向。第二，检验为民制度的特点在于专业性。食品药品检验技术性强，专业要求高，其制度设计既有对食品药品检验机构管理、建设等一系列的规范，也有对检验技术行为在专业领域的指导和约束。如《检测和校准实验室能力认可准则》、《标准物质/标准样品生产者能力认可准则》等制度都是为了规范检验检测行为而制定的专业性文件。第三，检验为民的制度特点在于持续改进。各种检验制度、规范都应符合检验形势的发展，对于已经不能适应目前检验需要的制度、规范，要及时地进行修订。比如，根据经常性的质量监督、内部审核和管理评审等手段，不断地改进食品药品检验技术标准、体系规范、操作规程和管理制度。

3. 制度建设的基本要求

制度建设分为制定、执行、检验和完善四个过程，通过这四个过程的不断循环，不仅完善现有制度体系，还会不断创新和改进其本身的运行模式和机制。

第一，明确制度的功能和执行目标，加大工作制度化力度。美国经济学家康芒斯将"制度"定义为"集体行动控制个体行动"，进一步阐释了这种"规范和约束"的属性。制定制度应明确制度功能，在推进工作制度化的过程中查找问题，并从反复出现的问题上剖析原因。

第二，应着眼于机制的建立和完善，实现制度在更高层面的系统整合。在若干制度构成的系统中，制度的相互作用和实际运行就构成了机制。邓小平同志讲过："制度好，可以使坏人无法任意横行；制度不好，可以使好人无法充分地做好事，甚至会走向反面"。同样，好的机制能事半功倍，坏的机制却使坏者更坏并造成恶性循环。坏机制的典型范例是"补偿性反馈"。

〔链接〕 古希腊神话中，西绪福斯因背叛宙斯，死后被打入地狱接受惩罚。每天清晨，他都必须将一块沉重的巨石从平地搬到山顶。但是，每当他自以为已经搬到山顶时，石头就突然顺着山坡滚下去。这样，西绪福斯必须重新搬动石头，再艰难地推上山去。对这个故事加以引申即可以发现，西绪福斯把这个石头搬得越高，石头就会掉得越低，他就必须花费更大的力气才能完成任务，这就是典型的"补偿性反馈"。

第三，应注重发挥制度的整体功效，构建科学的制度体系。如检验机构工作制度即需要完整的实验室管理体系做保障，也需要日常办公制度、人事管理制度等加以配合执行。作为一个整体，检验机构的各项制度之间应当协调一致，相互衔接，形成良性机制。如果各部门的制度互

相不能够协调一致，执行制度的员工就会感到无所适从，无法形成能够发挥制度整体功效的制度体系。

——增强制度执行的严肃性

明代张居正曾说过："天下之事，不难于立法，而难于法之必行"。在实际工作中，有些工作人员缺乏按制度办事的观念，习惯于我行我素。相关部门在处理一些违规问题时，没有严格按照法规和制度的规定去办，严重削弱和降低了制度的执行力和严肃性。

1. 发挥自律、自觉的主观能动性

制度贯彻的最有效方式体现为人的自觉自律。经过多年的不懈努力，食品药品检验机构已基本形成了一套上到国家法律法规、下到具体的检验操作标准流程，整体的制度架构比较完备和科学。面对新的形势和任务要求，食品药品检验工作需要在已有成绩的基础上做更大的改进，尤其在检验工作者自觉遵守制度方面要下更大的气力。

自律、自觉要从源头抓起，加强对食品药品检验工作者的法纪教育，在思想上筑起自觉意识，切实体现内化于心、外化于行的现实要求。检验工作者要自觉按照《质量手册》、《程序文件》、《操作规程》等

操作规范进行检测。

要增强主动预防、超前预防、推动关口前移的意识，以遵纪守规的作风建设带动整体队伍作风改善。要让每位检验工作者都懂得，制度不仅是紧箍咒，同时也是护身符，要用强化制度的执行力，使人们认识到制度的权威不容挑战。更要人们看到，制度一旦出台，人人都必须执行，贯彻始终，如此才能体现制度的严肃性和公平、公正性。实现执行态度从被动到主动的转变，真正理解自觉执行制度既是责任要求，也是使命担当。

[链接] 河北省食品检验研究院在河北药检系统开展以"恪守职业道德，科学公正检验，保障食品药品安全"为主题的教育实践活动。开展职业道德建设宣传月学习，举办"科学检验大家谈"征文活动，开展"创道德模范、树行业新风、比科学检验"知识竞赛和"文明检验标兵"、"文明服务标兵"评选活动。此外，还要求河北各市食品药品检验机构强化组织领导，完善工作措施，充实活动内容，健全长效机制，推动活动取得实实在在的效果。

2. 树立制度的权威性

制度在执行过程中，其刚性因素必须硬起来，要避免出现失之于软、失之于宽的问题。对制度不落实、不按制度办事和破坏制度的人和事，要根据所造成的损失和影响，及时追究相关人员的责任，以儆效尤、以正视听，切实增强制度的权威。

强化对变通制度、打"擦边球"行为的严格追究。必须承认，食品药品检验机构的很多制度都在有效执行，明目张胆地"闯红灯"、"触高压线"的行为并不多见。但是，执行中变通、有利的就执行，不利的就不执行，打"擦边球"等现象也时有出现，导致内部制度执行涣散，甚至导致腐败案件的发生。因此，要及早重视并解决此类问题，不能因事小而不追究，更不能以罚代究。要把责任追究制度严格执行起来，坚决防止小过酿成大过、小错拖成大错。

领导干部重视制度规范、带头执行制度是制度得以落实的重要因素。任何一个领导干部都不能不受制度的约束，要带头学习、执行制度，以尊重和维护制度的模范行为推动形成全体人员严格执行制度的良好氛围。

[链接] 科举制度为封建时期中国朝廷人才选拔方面做出了极大贡献。1569年，葡萄牙传教士克鲁兹所撰《中国游记》将中国的科举制介绍到西方。1583年，葡萄牙修道士胡安·冈萨雷斯·德万多萨所著《伟大的中国》系统地介绍了中国科举制的内容和方法，此书被译成多种文字，广为流传，激起了欧美人士对中国科举制的关注。美国学者柯睿格在1947年《哈佛亚洲学报》中称："以科举为核心的中国文官行政制度的创立，是中国对世界最重要的贡献之一"。整个明清时代的近500年间，江南贡院只发生过四起较大规模的舞弊案件，其中还有一些是冤假错案，这个比例比现代社会的任何考试都低，而涉案舞弊者的后果则相当严重，轻则发配处死，重则株连九族。

科举制度之所以延续数千年，成为中国古代选拔人才的根本性制度，很大程度是因为历朝历代均十分注重维护科举制度的权威。同样，食品药品检验公信力也源自检验制度的权威性。

3. 构建良性的执行模式

制度落实的好坏，关键还要建立一套良性运行模式，确保制度的有效执行。当检验机构决策层确定了制度设计的目标后，机构各部门就要明确各部门的分工、责权、时间与进度、执行纪律和奖惩办法、汇报与反馈办法，在机构统一部署下，不折不扣地执行。

第一，强化制度执行中的沟通与反馈工作。检验机构决策层和执行层之间要建立制度执行前的沟通机制，明确执行过程中每个环节的关键点。建立制度执行的试行机制，对于一些敏感性较强的制度可以考虑采取先试行再执行的方式，用过渡时间来检验它的可行性。建立制度执行中的反馈机制，在制度执行过程中，相关各部门以及参与执行的每个员工要及时、如实地把制度执行情况反馈给决策层。

第二，加强制度的宣贯和修订工作。在制度发布以后，机构内部应广泛开展新制度的宣贯工作，以确保全体员工清楚制度要求，保证制度得到正确执行。并在制度的运行过程中，对不合时宜的制度必须及时更新修订，补

> **小贴士**
>
> 执行能力是一种制度性能力，是明确执行政策、制度和流程后坚持贯彻，严格执行的能力。

> **小贴士**
>
> 管理体系文件主要由质量手册、程序文件、作业指导书和其他质量文件（记录、表格、报告、文件）四个层次文件构成。管理体系文件采用金字塔架构，第一层次是质量手册，第二层次是程序文件，第三层次是作业指导书，第四层次是其他质量文件。文件层次从上到下越来越具体详细，从下到上每一层都是上面一层的支持文件，上下层次相互衔接，内容要求一致，不能有矛盾。

充遗漏或不尽完善的地方。

第三，强化制度执行中的监督和考核工作。机构内部要建立配套的制度执行监督机制，提高监督质量。建立制度执行的考核机制，以对监督检查结果进行考评考核，并将各部门在关键任务、关键流程中对制度的执行和落实情况列入各部门的绩效考核。

管理体系文件

第五章

营造优质和谐的服务氛围

优质服务要便民、利民……检验行为要规范、正确……廉洁检验要内化于心、外化于行……

一个积极向上、团结和谐的组织会使人变得努力和勤奋，把做得最好确立为自己的工作目标；建设良好的工作环境，用良好的工作氛围来激发人们的工作积极性和创造力，成为了提高员工工作效率，改进工作作风的重要措施。

——"三位一体"的服务平台

食品药品检验机构要搭建的检验为民的服务平台，就是要从食品药品检验机构自身内部营造和建设有利于检验为民有效落实和践行的氛围环境、团队形象和文化精神，让检验为民的理念在良好积极的环境条件下得到实现。

1. 加强检验环境建设

对于食品药品检验机构而言，良好工作环境的建设具体体现为物质条件的硬环境和氛围的软环境两大方面。所谓硬环境是检验场所的地理位置、房屋设施、技术装备、各类仪器设备和人员装备等等。这些方面是检验工作开展的基本前提，是刚性要求，不可或缺。所谓软环境则包含十分丰富的内容，具有可大、可小、可多、可少、显性、隐性等收缩性特征。但这些并不意味着软环境可有可无，恰恰相反，强调环境建设的更深层内涵就是对软环境建设的高度重视。

坚持以人为本的原则，激发食品药品检验工作者的工作热情，主动参与，营造良好发展环境。这就要求检验工作者不仅要认真履行应尽的工作职责，还要以主动维护广大人民的利益为己任。例如简化检验手续、缩短企业产品的检验周期、开展技术服务、帮助企业提高产品质量等。这些活动，有的是职责所在，有的是分外之事。要把检验为民理念转化成每个检验工作者的自觉行为，让每个检验工作者都能在以人为本的原则中践行"检验为民"理念。

📹 链接　　　**以人为本、人才强检，提升检验机构整体素质**

云南省食品药品检验所通过强化"四项措施"，努力建设一支爱岗敬业、素质优良、技艺精湛、结构合理，具有较高专业水平和较强创新能力，适应药检事业发展需要的专业人才队伍。

该所充分分析当前经济社会发展热点及食品药品检验事业发展趋势，综合考虑现有人员专业结构、技术职称、年龄结构等因素，引进一批符合发展需求、精通检测业务、掌握1、2门外文、具有高度责任心的高学历青年技术人才充实队伍。他们还出台《职工能力提升奖励办法》和《职工奖励惩戒制度》等一系列规章制度，建立完整的考核指标体系。

云南省食品药品检验所以人为本、人才强检的发展道路，将人才队伍建设置于事业发展的首位，把人才队伍建设作为忠实履行职能和促进事业发的根本动力，持续推动食品药品检验事业的健康发展。

　　把检验为民的现实要求与努力营造良好的求知学习，建立学习型环境相结合，强化人才队伍建设。要加强学习培训，有计划、有步骤地组织专业技术人员进行国内外新理论、新技术的业务技能学习。要加强交流，组织与兄弟单位、科研院校间的交流学习，丰富专业技术人员的经验及知识储备。要树立民主和平等的观念，以平等的人格、诚恳的态度、礼貌的做法，一视同仁地对待所有员工。

　　此外，还要持续创造和提供人才服务"软环境"建设。要制定一套行之有效的人才培养吸引政策。如对不同人才发展进行有前瞻性眼光的发展定位、建立一套知识产权有效保护制度、建立与国际接轨的薪酬制度等。完善人才制度。建立健全人才激励制度，让那些想干事、能干事、干成事，具有真才实学的食品药品检验工作者真正体现其价值，形成真抓实干、创先争优的良好氛围。

2. 打造优秀服务团队

　　打造一支科学公正、技术过硬、为民服务的优秀的食品药品检验团队，是践行检验为民的一项重要任务。

　　树立建设优秀服务团队的意识。任何优秀的行业团队都不是简单的精英组合，更不能依靠简单的个人英雄主义，而是依靠团队成员的协同合作与共同努力，因此，在食品药品检验优秀服务

团队是指由少数愿意为了共同的目的、业绩目标和方法而相互承担责任的人民组成的群体。一般来说，团队行为规范包括团队的制度建设、规章建设以及团队行为准则等。

团队建设中，要促使每个成员树立相互合作、共同协调配合的理念，让每个人对团队有强烈的归属感，继而全身心地投入工作，使团队形成的合力达到团队效率的最大化。

打造优秀的服务团队需要强调团队执行力。团队执行力是单位、部门工作绩效、成效的决定性因素，更是自身发展进步的法宝。同时，团队执行力需要通过业务技能培训、专业技能强化、执行演练、团队训练以及日常工作中的执行力训练等方式不断加以提高和增强。

打造优秀的服务团队需要建立并完善一整套体现执行能力的行为规范和操作标准。食品药品检验机构除了遵守与检验工作密切相关的标准、规范和要求之外，还必须注重对外服务的形象展示，这也同样应成为打造良好队伍形象的重要内容，并在平时的工作中体现和展现食品药品检验团队特有的为民、严谨、敬业的工作态度和精神风貌。

3. 服务注重便民、利民

检验为民效果好不好，关键要看老百姓实际问题是否得到解决，是否受益。食品药品检验机构要有一整套便民、利民的服务措施。在日常检验工作中，通过窗口受理的方式、网上办理、价格优惠、加急检验等措施为老百姓开通绿色通道。如建立药品快速检验"绿色通道"机制，对特殊、紧急检品加盖"绿色通道"印章，启动快速检验"绿色通道"程序，由专门组成的工作小组负责实施，在最短时间出具检验报告。

药品检验所工作人员在为百姓演示保健食品非法添加快筛试纸盒使用原理

在做好日常检验工作的同时，逐步摆脱被动检验、间接服务的工作模式，主动走出实验室，积极为百姓用药安全提供咨询服务。比如，开展安全用药咨询服务、为市民免费鉴别真伪中药材、讲解安全用药常识、现场展示保健食品非法添加快筛试剂盒等活动。

北京市医疗器械检验所市民开放日

检验仪器向市民开放

此外，利用各种平台和场合，加强宣传力度，大力普及食品药品安全的重要性及相关知识和法律法规。

〔链接〕 2011年，国家食品药品监督管理局印发《全国食品药品安全科普行动计划（2011～2015）》，包括开展"全国安全用药月"宣传活动等重点项目。自2011年起，将每年9月定为"全国安全用药月"，全国各级食品药品监管部门集中围绕"安全用药、合理用药"开展各种宣传活动。每年安全用药月期间，国家局将结合当年监管形势及监管中心工作，推出不同的主题活动。力争通过5年的努力，使"全国安全用药月"成为公众知晓度较高的活动品牌。

——规范检验行为很重要

1. 强化依法检验意识

食品药品检验是以法律制度为基础、按照现代法治原则运行的公正、公开的公共事务活动，因此自始至终都必须依法而行。食品药品检验工作者在一切检验活动中，都要树立依法检验意识，严格守法，保持检验工作的独立性和权威性，确保检验报告的真实、准确、科学，经得起法律和时间检验。

构建一套行之有效的管理系统，是依法检验的保障。检验是一项非常严谨而细致的工作，检验过程涉及样品管理、实验室条件、仪器设备性能、标准物质溯源、人员素质以及管理制度等多种因素，所有这些因素都会直接影响到检验结果的准确性。因此，建立一套贯穿检验工作全过程的管理系统，对于保障依法检验有章可循必不可少。此外，食品药品检验是法律法规规定的具有国家监管性质的检验，从事食品药品检验工作要根据国家的标准和检验规程等技术法规进行，检验工作者也必须取得检验员证方可上岗，依法对检验结果承担法律责任，对国家负责、对人民负责。

> **小贴士** 行为规范是在现实生活中根据人们的需求、好恶、价值判断，而逐步形成和确立的，是社会成员在社会活动中所应遵循的标准或原则，对全体成员具有规范和约束作用。

> **小贴士** 质量标准是产品生产、检验和评定质量的技术依据。所谓标准，指的是衡量某一事物或某项工作应该达到的水平、尺度和必须遵守的规定。而规定产品质量特性应达到的技术要求，称为"产品质量标准"。

2. 检验数据不可侵犯

检验为民的价值追求是在严格坚守数据准确的实践中体现出来的。食品药品检验依据质量标准，在严格可控的管理体系下出具的检验数据，体现着客观性、准确性，具有严肃的法律效力。食品药品检验工作者要心怀对法律的敬畏，以职业的专注和冷静，神圣对待检验数据。

第一，要保证检验数据的准确、可靠。食品药品检验机构从事的检验工作是一项复杂多样、技术含量高、责任大、政策性强的工作。检验结果通过规范化的检验，用仪器表达，用数据说话。检验结果的正确与否是靠检验数据体现的。因此，检验数据必须具有严肃性、权威性，不可侵犯，为确保检验数据准确、可靠，还必须确保实验过程无差错、实验数据可验证和可溯源。

第二，要确保检验结果的客观、公正。食品药品检验机构及其检验工作者手中握有食品药品质量判断等一系列权力，能否做到客观公正，直接关系到行政执法的权威性，关系到相关企业的生存发展，关系到政府的公信力。因此，必须把国家赋予的权力用好，做到忠于法律、忠于事实、诚实守信、不偏不倚，在任何干扰、任何诱惑面前不为所动，以高度的责任感维护检验结果的准确、可靠，让公众感受到食品药品检验机构的公信力。

[链接] 国家食品药品监督管理总局制定的《婴幼儿配方乳粉生产许可审查细则（2013版）》已经于2013年12月25日正式发布。审查细则适用于企业申请使用牛乳或者羊乳及其加工制品（乳清粉、乳清蛋白、脱脂乳粉、全脂乳粉等）为主要原料，加入适量的维生素、矿物质和其他辅料，使用法律法规及标准所要求的条件，加工制作供婴幼儿（36月龄以内）食用的婴儿配方乳粉、较大婴儿配方乳粉、幼儿配方乳粉，对企业生产条件的审查及其许可生产产品的检验。今后，婴幼儿配方奶粉出厂前，需要接受66道"关口"检验。简单来说，就是以后一罐奶粉中含多少蛋白质，是否添加了有害物质，都会做相应的检

测，66个项目检查如果全部完成大概需要一个月左右。

3. 细节决定成败

食品药品检验机构靠的是检验过程的严谨、规范，凭的是数据说话，检验检测数据不能有一丝一毫的疏漏和差错，所以注重检验过程每个细节的精准、可靠成为食品药品检验工作者基本的职业操守。要以精益求精的科学态度对待每次检验、每一个数据、每一张报告、每一个细节，确保万无一失。

注重对检验流程细节的管理是最终体现检验公正、可靠、可信的基础。药品检验是一个非常复杂的工作。包括性状、鉴别、检查（纯度、杂质、微生物和安全性指标）、含量测定等项目的检验，最后依据检验结果进行综合评定。整个过程要求对每一个实验、检验环节加以控制。这些都告诉我们，任何一个环节出现纰漏，都会影响到最终检验结果，所谓"魔鬼都隐藏在细节中"讲的就是这个道理。

〔链接〕 20世纪初，疫苗学刚刚建立时，爆发了一场小小的危机，由于当时还不存在疫苗公司，也没有疫苗行业。研究疫苗的只有为数不多的科学家和一些公共健康人士，而疫苗学的作用原理直到19世纪末才得到证实。1894年，人们发现，患白喉的动物体内产生了抵抗白喉的强抗毒素。抗毒素用于人体后，可以预防或者治疗白喉。纽约的公共健康实验室完善了从马身上提取这种毒素的技术。很快，其他公共健康实验室和一些商业公司开始模仿纽约实验室的方法，并在1896年到1901年把这种新的抗毒素用于病人。

美国卫生实验室负责人约瑟夫·金永告诫人们不要模仿这种未成熟的敏感技术，抗毒素的生产过程非常复杂而且有一定的危险性。1901年10月，金永的担心变成了现实。由于粗心大意，圣路易斯市生产的一批抗毒素被感染。导致5名婴儿由于注射被感染的抗毒素而死亡。在新泽西州的卡姆登市，被感染的天花疫苗导致9名儿童死亡。此外，还有几百份关于不合格疫苗导致发病和死亡的报告，给社会带来的严重的危害。

在食品药品检验的日常工作中，要针对各个环节和关口逐条逐项进行检查，注意加强对收样、登记、检验过程、校核、审批、出具检验报告等各个环节的精细化管理，全方位监控。

——廉洁检验无小事

当前，我国社会腐败现象已不仅限于手握大权、实权的各级官员，在社会生活的各个领域都存在着五花八门、大大小小的以权谋私、失职渎职的行为，食品药品检验机构也难以幸免。一些食品药品检验工作者的道德水准不适应食品药品检验事业发展的要求，出现了检不了、检不出、检不准、检不快，检验行为不规范、检验数据不准确等问题，甚至有极少数人道德堕落、违法犯罪,使食品药品检验队伍蒙羞。这些都是在加强自身廉洁建设中必须重视和加快解决的重要问题。

小贴士

"一切有权力的人都容易滥用权力，这是一条万古不变的经验，有权力的人使用权力一直到有界限的地方才休止。"

——孟德斯鸠

1. 确立底线思维

食品药品检验事业具有政治性、敏感性、专业性等特点，廉洁检验既是职业操守问题，更是涉及人心向背、党风、作风的问题。必须牢固树立廉洁从检无小事的意识，保证食品药品检验机构党风廉政建设和反腐败工作，提高工作人员的廉洁从检意识。

[链接] 2011年1月，芙蓉区检察院接到群众举报，时任湖南省药检所副所长的梁建宁对挂网销售的药品不按照相关程序要求，违规操作，并且收受相关人员贿赂。芙蓉区检察院经过周密的调查，先后获取了梁建宁滥用职权、受贿等涉嫌犯罪的证据。

经查明，梁建宁利用担任省药检所副所长的职务之便，先后30多次收受他人贿赂近80万元。另外，梁建宁在参加湖南省药品集中采购招投标工作期间，将包括"芦笋片"在内的相关药品质量层次证明资料放进标书，为相关投标企业和人员通风报信，使得相关药品得以加分并中标挂网销售，严重破坏了药品集中采购招投标的公正性，造成了恶劣影响。其行为已经触犯了《中华人民共和国刑法》第三百九十七条第一款和第三百八十五条第一款之规定，涉嫌滥用职权罪、受贿罪。

每一个食品药品检验工作者都应明白，只有牢固树立了正确的廉洁从检理念，才能够摆脱各种困扰，透过各种复杂的表层现象，去发现人生的真理，才能够在本职工作岗位上创出一番业绩。

强化廉洁从检教育，切实起到打"预防针"的良好作用。要以树立正确的权力观、地位观、利益观为重点，深入开展理想信念、行风行纪、廉洁从检等方面的教育，引导广大职工正确对待依法行使手中的权力，正确履行自己的职责。把培育廉洁价值理念与社会公德、职业道德、个人品德教育有机结合起来，有效构建"不想为、不易为、不敢为、不能为"的监督制约防线，提升广大从业人员科学严谨、廉洁为民的思想意识。

链接 2007年9月，中国药品生物制品检定所印发了《中国药品生物制品检定所中层干部任职前廉政谈话制度》。紧扣以"药检为民"的核心理念，把反腐倡廉教育纳入干部队伍能力作风教育培训计划，加强对食品药品检验工作者的廉政教育，促进食品药品检验机构领导干部廉洁自律意识，强化领导干部牢固树立正确的权力观、地位观和利益观。

中国食品药品检定研究院廉政风险识别、防控回头看一览表（个人）

岗位：　　　　　　　　　　　　　　　　　　　　风险评估（级别）

现岗人员姓名		职务			部门/单位	
一岗双责	岗位职责					
	廉政职责					
风险分类	风险点			自我防控措施		
思想道德风险						
岗位职责风险						
工作环境风险						
所在部门意见						

本人签字：　　　主管领导签字：　　　　　　　　　填表日期：　　　年　月　日

2. 培养优良作风

食品药品检验工作作风是食品药品检验工作者的人格修养、精神风貌、工作态度、组织纪律等综合素质的外在反映，也是整个食品药品检验机构政治思想工作、管理水平的综合反映。工作作风的好坏，很大程度上决定和影响着整个食品药品检验机构的可持续发展。

作风建设是一项长期的系统工程，既要注重必要的制度约束，也要靠检验工作者的个人素质、道德修养的养成。在抓好效率提高和质量提升的同时，通过聘请行风监督员、向社会发放问卷调查表、设立举报热线等形式收集群众意见和建议。力求做到防患于未然，及时发现问题、有效进行应对，把廉洁从检的工作作风细化于检验的全过程，切实形成良好的行业风尚。

 [链接]　习近平总书记在党的群众路线教育实践活动工作会议上强调："保持党同人民群众的血肉联系是一个永恒课题，作风问题具有反复性和顽固性，必须经常抓、长期抓，特别是要建立健全促进党员、干部坚持为民务实清廉的长效机制。"因此，我们要以踏石留印、抓铁有痕的精神，打好一场作风建设的持久战。

3.　塑造良好形象

要注重加强食品药品检验队伍建设，努力做到内强素质，外塑形象，树立清正廉洁的食品药品检验队伍形象。

抓住行业特点，做好深入细致的防范工作，打造食品药品检验队伍廉洁从检的品牌。各级食品药品检验机构在不断强化科学严谨的规范性检验活动的同时，要把努力打造品牌形象与队伍形象有机统一起来。成立专门督查组对全体检验工作者及其检验行为实行全方位监控和责任追究，

> **小贴士**
>
> 从心理学的角度来看，形象就是人们通过视觉、听觉、触觉、味觉等各种感觉器官在大脑中形成的关于某种事物的整体印象，形象不是事物本身，而是人们对事物的感知，这种感知会对人的行为产生不同的影响。

坚决杜绝检验过程中的违纪现象。

惩治与防治结合，双管齐下。杜绝歪风邪气，塑造中国食品药品检验队伍的良好形象。惩治与防治是廉政建设相互补充，相互促进的两个方面。要根据有关法律法规、职业道德规范，惩治带有倾向性的、群众反映比较强烈的问题，例如"吃、拿、卡、要、报"等违背职业道德规范的行为。针对思想政治教育和管理工作上的薄弱环节和制度上的漏洞，制定有效的教育、防范与监督的措施，以减少和消除产生违反职业道德行为的土壤和条件。

浙江瑞安市药检系统邀请全系统干部职工家属，举行家属廉政会议，开展家属助廉活动，做好干部8小时以外的监督工作

时时维护食品药品检验队伍的形象，是食品药品检验机构廉洁从检的现实要求和行为体现。在任何时候、任何情况下，绝不拿科学检验的原则做人情，不拿科学检验的要求做交易，坚决不说、不做有损系统形象和威信的事情，不说、不做有损人民群众食品药品安全的事情，始终维护食品药品检验队伍的形象。

第六章

检验为民着眼落实、重在结果

树立为民服务的意识……建立过硬的长效保障机制……为民不是空口号，时时刻刻坚持检验为民不松懈……

检验为民除了要抓好制度设计、环境营造外，说一千、道一万，最重要的是抓行动、促落实、注重实效，要体现在检验工作的各环节、全过程中并长期不懈地坚持下去。

——强化为民的主体责任

食品药品检验工作者是检验为民的主体，食品药品检验工作者的敬业心、责任感是做好检验为民的基础，更是做好科学检验工作的重要人力保障。

1. 凝聚为民担当意识

责任感就是对应做之事的自觉意识。责任感可以让我们时刻在思考承担什么责任、如何履行

> **小贴士**
>
> 习近平总书记强调，"要落实党委的主体责任和纪委的监督责任，强化责任追究，不能让制度成为纸老虎、稻草人"，食品药品检验工作者要承担起检验为民的主体责任。

责任、是否尽到责任。食品药品检验机构是守护食品药品质量安全的坚固防线，守住了这道防线，人民生命安全和健康才能得到保障，这也是检验为民的主体责任。食品药品检验工作者要牢记"为民"的根本宗旨，谨记食品药品检验绝不仅是一项职业，更是保障人类生命健康的伟大事业。在任何时候、任何岗位，食品药品检验都不能离开"为民"这个"灵魂"，把心思和精力用在更好地服务群众、维护群众切身权益上，真正在思想上凝聚担当检验为民主体责任的意识。

【链接】 **南京市药检所全面启动青奥会专用药品检验**

2014年5月中旬，按照青奥会组委会和南京市食品药品监管局的部署安排，南京市药检所全面启动了青奥会运动员专用药品检验。按照青奥会药品检验工作方案和需检验的品种，根据去年亚青会药品检验经验，制定了检验实施细则，进一步明确检验要求，分解检验任务，落实具体承检科室和承检人员。将已抽样的51个品种，第一时间按照实施细则在所内分配了检验任务。对于所内暂不能检验的个别品种，分别委托给相关药检所检验，并派专人送达样品、相关资料，签订了委托检验合同。与此同时，及时有效做好后勤保障工作，确保检验工作顺利进行。

2. 增强为民职业能力

过硬的专业素质是科学检验的基础和保证。随着我国食品药品检验与国际的交流与合作日益增多，迫切需要具有国际化视野的检验人才，他们既要具备食品药品检验专业知识，又能通晓食品药品监管国际规则和惯例，熟练掌握外语，具有沟通能力的国际化检验人才。

此外，现代食品药品检验无论是在理念上、管理方法上还是技术层面上，越来越依赖于科学的思想方法和先进的技术手段，这也要求检验队伍的素质和能力不断提高，能适应检验工作中出现的新特点、新方法、新要求。

📷[链接]　重庆食品药品检验所2013年人才引进工作成效显著。采取公招方式引进专业技术人才12人，其中博士1人，硕士8人。选调人员5人，外聘3人。其中海外留学2人；硕士研究生以上学历占70%以上；30岁以下占90%；生物医药、药用资源等新型专业领域的人才占30%。通过引进专业人才大幅度优化该所技术队伍学历、年龄结构，填补了专业学源的空缺，为培养中青年技术骨干和打造技术领军人才做好了人才储备。

要创新工作思路。检验工作是一项专业性很强的技术工作，食品药品检验工作者不能只是被动地适应检验，局限于现有的检验标准，更要能动地驾驭检验，尤其是要具备独创性和超前性的应变能力。不断创新思维模式，创新工作方法，精益求精，及时发现藏匿于其中的新型隐患，不断提升检验标准。

3. 坚守为民职业道德

检验队伍的道德水准，是科学检验的一个重要保障。坚持检验为民的职业道德，一要明确检验工作"为了谁"。检验工作的目的是为了人民的生命安全健康。二要明确认识检验工作"依靠谁"。检验工作的进步，依靠的最根本、最重要、最有力的力量，存在于人民之中。三要明确"怎样做"。牢固树立"科学检验精神"，严格执行科学检验的标准及各项规章制度、规范流程。

📹 链接　　**厦门市药品检验所开设道德讲堂**

2014年7月26日下午，厦门市药品检验所开展了以"敬业、奉献"为主题的"道德讲堂"活动，在行业内弘扬职业道德和准则。为加强思想道德建设，营造"崇德尚善"的浓厚氛围，市药检所开辟了道德讲堂教室，引导干部职工以身边的先进典型和先进人物为榜样，学习他们的可贵精神和宝贵品质，加强职业道德、社会公德、家庭美德、个人品德以及党风廉政建设教育。

实事求是是食品药品检验工作者必须坚持的原则。在检验工作中必须遵循科学规律，尊重事实，不掩盖、不浮夸，更不能弄虚作假。要不断改进工作作风，创新工作机制和方式方法，不断提高检验工作科学化水平。

坚守吃苦耐劳的精神。检验工作枯燥繁琐，甚至因频繁接触各种毒害试剂而面临危险，若没有吃苦耐劳的精神是难以胜任的。这就要求检验工作者始终把人民的利益和集体的荣誉放在第一位，不贪名图利、不计较个人得失、敢于担当，在奉献中实现自己的人生价值。

小贴士　　实事求是，就是严格按照客观现实思考或办事。从实际情况出发，不夸大，不缩小，正确地对待和处理问题，求得正确的结论。明张居正《辛未会试程策二》："其所以振刷综理者，皆未尝少越于旧法之外，惟其实事求是，而不采虚声。"后来毛泽东援引实事求是，并给予新的解释，成为毛泽东思想的核心，直到现在实事求是仍然是中国共产党的核心指导思想。

——构建务实、长效的为民保障机制

构建长效的保障机制就是要对影响检验为民的各种要素进行有机的连接、整合，保障目标达成。

1. 畅通顺应民意的渠道

民意反映了广大群众普遍的利益诉求，民意落实到检验的实际工作中，就是要更好地体现以人为本，进一步提高人民群众的满意度。

顺应民意的关键是要善于倾听民意。当前，各级食品药品检验机构要切实转变工作作风，坚决摒弃"自视甚高"的错误心态，深入基层、走近群众，尊重群众的首创精神，利用网络平台等媒介，拓宽民意反馈的渠道，了解群众的意愿、倾听群众的呼声、保障群众的知情权，及时掌握群众在食品药品安全方面关注的重点，从而有针对性的开展工作。顺应民意，还要善于采纳民意，保障群众的参与权，问计于民，切实关心群众所需，努力提高群众满意度。

[链接] 2014年全国两会召开前夕，人民网就公众关注的众多热点话题展开网上调查。从2月10日至3月2日，该调查已吸引近340万人次投票。截至3日零时，"社会保障"问题获51万余票，排名第一位；"反腐倡廉"排名第二位，获得超过45万票；紧随其后的是"食品药品安全"问题，以42万余票排名第三。

热点候选排行

社会保障	518104	票
反腐倡廉	454441	票
食品药品安全	425185	票
收入分配	414062	票
干部作风	401832	票
计划生育	382625	票
环境治理	350734	票
教育改革	349285	票
住房	345746	票
新型城镇化	339825	票

2. 诚信检验不容忽视

诚信：以真诚之心，行信义之事。诚信，是诚实无欺，信守诺言，是一个道德范畴，是公民的第二个"身份证"。"诚"与"信"作为伦理规范和道德标准，在起初是分开使用的。孟子说"诚者，天之道也，诚之者，人之道也。"信的基本含义是指遵守承诺，言行一致，真实可信。

诚信，既指诚实无欺，又指信守承诺。作为食品药品检验机构，诚信检验就要求我们在技术能力上做到诚实无欺，坦诚面对社会和公众，在服务方面做到信守承诺，讲信誉，守诺言。

在技术能力上，不同层面，不同层级的食品药品检验机构由于软硬条件的不足，检验能力必然各有长短。那么，检验机构就要根据自身能力实事求是地承接检验。确实不在能力范围之内的，也不要"打肿脸充胖子"，要如实说明情况，或通过联检、协检方式解决，绝不能"糊弄"客户。

在服务方面，检验机构要按照对外公布的服务内容和服务时限严格履行，遵守诺言，比如，检验周期问题。少数食品药品检验机构还出现委托送检的样品超过规定检验周期的现象。对此，客户颇有微词，这也是当前食品药品检验机构比较突出的问题。目前，各级食品药品检验机构在其窗口、网站上都有为民服务的承诺，既然说到了，那么我们就一定要做到。

3. 不断加大投入力度

加大对食品药品检验能力建设的投入力度。现代科技日新月异，新型的化学材料及工艺在食品药品的生产过程中被大量引用，这就对检验工作提出了更高的要求。各级检验机构应以此为动力，争取提升技术，加大资金投入，用硬件技术力量来保证检验的精准度，用人才技术来保证技术运用的成熟度。同时，最重要的是要为科研提供大量的资金支持，加快研究成果的转化利用，保证研究成果快速、准确的运用到实际当中。此外，检验工作要适时跟进，逐步与国际接轨，符合现代科技水平的时代要求。

——为民重在行动

随着公众对食品药品安全关注程度的不断提升和政府对食品药品安全监管的更加重视，检验为民制度更加全面、科学，检验为民的保障体系更加完备，落实检验为民理念关键在行动。

1. 建立保障为民服务的常态模式

一直以来，全国各级食品药品检验机构在检验实践中，结合机构自身职能、行业性质以及地域特色，不断探索检验为民的措施、方法，形成了具有一定特色的检验为民的行为模式，产生了一定的社会效益和经济效益。

为适应行业发展，满足群众、企业等市场主体对食品药品检验机构提出的需求。食品药品检验机构一方面要改善已有的检验为民行为模式。另一方面要推陈出新，研究出能够满足公众需求、行业发展的新举措。例如，借助网络、手机APP、微信等新方式开展业务咨询和安全用药知识宣传。在此基础上，食品药品检验机构还要整合各种检验为民的行为、措施，不断总结和推广好的做法、经验，构建一套落实检验为民行为的常规模式，并不断更新、完善。

[链接] 青岛市药品检验所优化服务，推出了十项方便企业的服务措施。主要内容有24小时预约接收样品，包括网上预约、电话预约服务，网上咨询服务，实现全天候服务；提供加急检验，应对突发事件；缩短检验周期，实现检验提速；提供研发期免费技术咨询、提供免费标准查询，开展技术规划与技术培训服务，帮助企业规范产品质量，协助企业将产品向高、精、尖发展，助推产业转型升级；统一代购代订对照品、标准品，方便企业采购等。

青岛市药品检验所实施的这一系列服务措施，为企业带来方便的同时，也进一步提升了自身的服务质量，不断推进服务理念创新、服务质量创新和服务效率创新。

2. 以结果为为民服务的导向

检验工作做得好不好、到位不到位，关键在于"结果"，具体来说，食品药品检验工作有没有成效，就是要看检验机构自身是不是真正的发挥了作用，食品药品安全的把关力度是否加大，安全隐患是不是在萌芽状态就消除了，食品药品安全的相关知识是不是普及了，人民群众对检验工作的满意度是不是提高了，离开了这个根本，其他工作做得再好也只是"无用功"。

大力普及食品药品安全的重要性及相关知识和法律法规。通过各种手段，加强宣传力度，扩大普及面，直接或间接地影响到市场主体和消费主体对食品药品安全重要性的认识，在法律法规等硬性规定的"红线"

保护下，一些影响市场的危险行为和极端行为触及"底线"的力度将会降低。全面检查食品药品检验自身行为，要想依法检验、公正履职，就得先要验一验自己，看自己是否真正的在进行依法检验，看自己的监管工作定位够不够准确，看自己的检验水平是否适应了监管工作的要求。

小贴士

"以结果为导向"的思维方式就是在具体的工作中，先考虑希望实现什么样的结果，为了这个结果而考虑资源并对资源进行规划，所有的工作和规划都是为了实现目标而进行。这样的思维方式能够给你指明工作的方向和明确工作真正的意义，是为了结果而工作，而不是为了工作而工作。

链接 青海省食品药品检验所力行服务，积极开展下乡帮贫扶困

活动。近年来，青海省食品药品检验所立足青海省省情，经常深入基层、深入藏民区，积极开展各种形式的帮贫扶困活动。2014年6月26日，该所部分中藏药专家带着书籍、食品药品安全宣传手册、畜牧养殖知识读本等前往贵南县和河南县，深入村镇、学校、草滩牧场、牧民家中开展了捐赠书籍、款物及安全饮食用药宣传等活动，使牧民群众进一步增强了安全饮食用药意识，开拓了经济发展思维模式，密切了该所与牧区群众之间的感情。

青海省食品药品检验所干部职工深入藏区，宣讲食品药品安全知识

3. 时时刻刻坚持为民检验

食品药品检验事业是一项永恒、崇高的事业，检验为民作为检验工作的出发点和落脚点必然也是一项长期、持续的过程。

60多年来，食品药品检验机构从小变大、从弱到强，能在保障公众饮食用药安全中取得重大的成功，靠的就是坚持不懈地践行检验为民理念。实践充分证明，为民服务是食品药品检验机构永葆活力的关键，是当代中国药检最鲜明的特色，也是当代食品药品检验工作者最鲜明的品格。

> **小贴士**
> 善做善成，是指做事情的时候，要用心的去做，不仅要把事情做成，更要把事情做好。久久为功，就是要有"咬定青山不放松"的定力，有持之以恒的毅力。

检验为民伴随着食品药品检验事业的不断发展，将走向新的未来。食品药品检验工作者要树立坚持不懈的思想，坚定信心、增强勇气，以"踏石留印、抓铁有痕"的精神，以更大的责任担当将检验为民理念一以贯之，善做善成、久久为功。

下篇

8

志存高远

——检验为民不停步

导　读

　　检验为民只有逗号，没有句号，检验为民永远在路上。食品药品检验工作者要以开放包容的心境、与时俱进的思维、科学先进的理念，破解思想、体制、机制的藩篱，主动适应新形势、新任务、新挑战，以需求为导向，引入风险管理、第三方机构、大信息等新思路、新方法、新举措，构建大整合、大数据、大检验的多元化检验格局，持续提升检验为民综合服务竞争力。

第七章

与时俱进 —— 放飞检验为民新思想

检验为民需要解放思想……检验市场多元化竞争格局……
建立综合服务力评价指标体系势在必行……

对食品药品监管改革未来走向的研判，是一个综合考虑顶层设计、社会变革等各种环境和因素的复杂问题。从当前食品药品检验系统来讲，要做好自身改革的充分准备，确立技术服务的顾客导向，居安思危，主动出击，扭转保守多年的被动检验定式，建立服务评估体系，不断提升综合服务能力。

——把握未来：始于清醒认知

我国食品药品检验系统作为政府监管部门设立的技术服务机构，未来如何适应政府本身购买服务的发展要求，是新形势下摆在食品药品检验系统面前的新命题。如何应对这一命题，需要突破传统体制和观念的束缚，树立全新的服务理念。

1. 转变：推倒思想固化的藩篱

食品药品检验机构在改革中面临的压力，主要来自现有机构性质、管理体制和思想观念等方面。

在机构性质和管理体制上，当前各级食品药品检验机构均为政府设立的全民事业单位或参公管理单位，工作职责由政府设定，人员编制由政府核定，工资福利由政府财政负担。因此，一方面在工作上要服从行政主管部门的部署，构成了行政监督抽样

> 小贴士
>
> 《事业单位登记管理暂行条例》明确规定，事业单位是指国家为了社会公益目的，由国家机关举办或者其他组织利用国有资产举办的，从事教育、科技、文化、卫生等活动的社会服务组织。

检验为主、企业委托送样检验为辅的业务格局；另一方面，因为所有收支均由政府统筹，监督抽样检验经费由政府拨付，受理委托检验收费也必须上缴财政，也没有管理和运营上的经济压力。

在思想观念上，多年传承下来的管理体制和工作习惯，在检验工作者的思想观念中，形成了食品药品检验机构和行政主管部门就是"一家人"的根深蒂固的概念。把受理政府委托的技术检验等同于主管部门的"行政监管"。

《事业单位登记管理暂行条例》明确规定，事业单位是指国家为了社会公益目的，由国家机关举办或者其他组织利用国有资产举办的，从事教育、科技、文化、卫生等活动的社会服务组织。

事实上，《事业单位登记管理暂行条例》表明了事业单位的三大特征：一是机构设立的目的是为了社会公益事业；二是由国家机关举办或者其他组织利用国有资产举办；三是一种社会服务组织。但食品药品检验机构由政府设立、政府所有、政府拨款，其服务对象也主要是政府，这使得人们即便是食品药品检验工作者也很难明确或理解食品药品检验机构

服务组织的本质，更遑论要使检验机构作为一种第三方服务的角色被世人所认同。因而，对下一步的自我突破和发展形成了多层面的束缚。

2. 开放：公平对待社会检验力量

食品药品检验机构在打造"服务型政府"的大背景下，由政府设立、政府所有、政府拨款、服务政府的传统格局必然会被来自市场、社会和政府自身改革的所打破。事实上，《国家食品药品监督管理总局主要职责内设机构和人员编制规定》已对这一压力做出了回应，明确提出要推进食品药品检验机构整合，公平对待社会力量提供检验服务，加大政府购买服务力度，完善技术支撑保障体系，提高食品药品监督管理的科学化水平。所以，未来的改革取向已相对明朗：现有政府设立的各级食品药品检验机构，将来只能是行政监管检验服务的提供者之一，食品药品检验市场必将形成多元化竞争的格局。哪怕各级检验机构保持了现有的人才、技术和设备等诸多优势，仍是最主要的服务提供者，但政府购买服务的导向必定激发、培育出很多、甚至很强大的竞争对手。在政府努力从"管治型"向"服务型"转向的时候，没有哪个部门能够无视这种多元化取向。与其被动适应，不如主动转型。食品药品检验事业也必将朝着"服务型"方向发展。

📹 链接　　**温州市：加快社会办医步伐　构建多元办医格局**

1989年，我国首家民办医院在温州建成营运。经过20多年的实践，温州社会办医取得了长足的进展。2012年，温州先行先试，研究制订了《关于加快推进社会资本举办医疗机构的实施意见》及配套文件，破除政策障碍，助推温州医疗事业转型发展。

在构建多元化办医格局的过程中，温州坚持"非禁即入"，开放医疗领域。社会资本依法自主选择医疗服务投资领域，凡国家未予限制的，均允许进入。对不同主体的合法医疗机构实行"国民待遇"，放手扶持发展。不同举办主体的医疗机构具有同等法律地位。此外，政府还设立了民办医疗机构专项奖励补助资金，实行重点倾斜。从2012年开始，温州财政每年至少安排2000万元用于重点扶持民办医疗机构发展。

3. 突破：从"为民检验"到"检验为民"

过往，我们挂在嘴边的说法是为民检验，为民检验的着眼点在于食品药品检验机构按照自身职责不断提升技术能力水平、完善质量控制标准，强调做好"检验"工作为导向。在社会发展的新阶段与新要求下，我们强调检验为民，着重突出"为民"，暨探索如何应用先进的社会管理手段，将检验技术切实应用到解决百姓关心的实际问题中，强调做好"为民"工作为导向。一词之差反映的是观念的重大转变。

药品检验技术人员指导市民辨别中药

政府走向"有所为，有所不为"的服务型机构是国家治理体系的重要标准之一，在构建服务型政府的变革形式下，食品药品检验要主动适应市场经济和政府改革的需要，扭转传统思维上的"被动检验"定式，确立"技术服务"导向，在监管部门和监管对象之间保持公正、中立的立场，不偏不倚，忠于科学精神和事实真相，以自身的专业技术服务政府和市场、公众；并且，当这种服务从政府自我提供逐步走向市场化的过程中，认真对待社会力量，公平参与市场竞争。建设服务型政府是历史发展的必然，也是党和政府自我完善的内在要求。食品药品检验的公益性质要求检验机构必须更新服务观念，以优质服务赢得未来。

——压力，亦是动力：面对的机遇与挑战

在社会快速发展、急剧变革时期，食品药品安全监管风险增加，事故频发，监管部门为加强监管需要探索检验市场的多元化格局，这对食品药品检验机构既带来了最大的挑战，也给资源整合、改革创新带来了最佳的机遇。正所谓：压力所在，亦当为动力之源泉。

149

1. 社会发展变革带来的巨大压力

传统和改革之间的张力给食品药品检验系统带来的是观念上的冲击，而深层次的压力，更多地来自生存和发展环境的变化。

短短30多年，社会主义市场经济激发出来的活力，很快便开始倒逼政府管理体制、管理模式不断做出调整和变革，其中，建设"服务型"政府便是政府变革的重要取向。包括食品药品安全技术检验在内的整个公益事业的发展，不再是"收费=管理"、"收费=管制"，公共服务供给主体与其客户之间，将逐步建立起合作共赢关系，以不断提高整个社会的福利水平。

就服务效果而言，从评判主体来看，检验工作的好坏不可能仅仅由主管部门关起门来自己说了算；不仅检验，还包括行政监管和技术检验在内的整个监管体系的服务效果，都将曝光在党和政府、公众、企业、媒体、社会，甚至整个世界的面前。党和政府要求食品药品安全监管部门要充分履行职能，管得住，管得好；公众要求一个安全、健康的饮食用药环境；企业要求一个公平、自由的竞争市场和有效的政策支持、技术服务，以促进医药产业健康发展；社会则是时刻盯紧你的一言一行，随时准备对你的失职、渎职行为拍砖、吐槽、指责、曝光，甚至诉诸法律；国际社会更是直接对不符合规范和标准的出口产品说"No"，最终影响国家的对外贸易和国际形象。从评判标准来看，一方面行政监管对技术检验的需求表现出很多新的特点：要求更高，因为造假的手段越来越隐蔽越来越高明；要求更严，因为国家发布的检验标准伴随人民生活水平的提升和服从WTO统一规则的需要，项目要求越来越全检验程序越来越复杂；任务更多，因为市场在不断扩大，任务量在不断增加；时限更急，因为突发事件越来越多影响越来越大，要求的处置能力和处置效率越来越高。另一方面，目前公众和社会似乎对食品药品监管系统的监管效能不完全满意；食品药品安全问题频发，食品药品安全监管部门成了社会焦点和热点部门之一。透过这些，真正需要我们着重加强监管科学化水平的提高和检验能力的提升，同时进一步强化服务的宣传，完善服务功能。

2. 资源开放下，国际市场的竞争压力

近些年，世界各国加强了对进口食品药品的安全监管。2000年，欧盟《食品安全白皮书》发布了80多项保证食品安全的计划，要求生产方尽到保证食品安全的义务，并把对进口食品安全的个案处理转为全面禁止；残留量限量标准达到17000多项。

2011年1月4日，美国发布《美国食品药品管理局食品安全现代化法案》，进一步提高并加强了进口食品的强制性技术标准和检验认证制度。2012年2月2日，欧洲药品管理局（EMA）发布了欧洲关于新的药品安全法案的执行计划。新法案进一步完善了向EMA提交药品风险管理计划书的程序，同时也要求药品经营权持有者定期提交更新安全报告。EMA还将与欧盟成员国合作建立一份药品目录，该目录中的药品需要额外监管。

与此同时，第三方检验已取得长足发展。15世纪之初，国外开始出现第三方检验机构。19世纪早期，就已涌现出检验企业的雏形。在美国、日本等国家和地区，对于产品质量的检验和监督包括了政府和民间两套系统。不仅政府检验系统在检验项目和标准上比我国更严格，而且民间组织的检验项目也更详细、结果更精确。前者按照法定项目检验，只需待检项目达标即可；后者则定期到市场上随机购买消费品，然后按

照严格的程序和标准检验，并将检验报告刊登在每周一期的杂志上——很多家庭根据这本杂志来指导自己的消费。这样的民间组织权威性和影响力都不言而喻，如下表所示。

国际检测巨头的公信力优势

公司	成立时间	总部	上市情况	规模
瑞士通用公证行（SGS）	1878年	瑞士日内瓦	1985年在瑞士股票交易市场上市	世界最大第三方质量控制和技术鉴定跨国公司之一。在中国设立了50多个分支机构和几十间实验室，拥有12000多名训练有素的专业人员
法国国际检验局（BV）	1828年	法国巴黎	2007年在巴黎股票交易所上市	世界最大的检验公司和船级社之一，也是行业内获得世界各国政府和国际组织认可最多的机构之一，服务网络覆盖150多个国家，拥有900多个办事处和实验室，约40000名员工为全球终端市场的370000个不同领域的客户服务。在中国拥有4000名员工，30个办公室和实验室，并为30000多个客户提供优质服务
德国技术监督协会（TüV）	1872年	德国科隆		国际领先的技术服务供应商。在65个国家和地区的500个服务网络拥有超过17950名员工，年总收益达16亿欧元。1988年进入中国，目前已在18个地区和城市提供检测服务

从国内来看，加入WTO后，外资逐渐进入我国检验市场。国际检验机构在玩具、电子、陶瓷、纺织、食品等方面介入较早且发展相对成熟。

链接 瑞士通用公证行（SGS）的服务能力已覆盖农业、矿业、石化、工业、消费品、汽车、生命科学、农产品和食品等多个行业的上下游供应链。2008年"三聚氰胺事件"爆发时，SGS第一时间进入国家认可的三聚氰胺检验机构名单。SGS从2008年开始接受政府委托，目前已得到多个城市和地区相关政府部门的认可和委托，承担相应的食品检验业务。由于SGS是独立的第三方商检机构，所以检验业务大多还是来自企业客户的委托。政府委托则是以日常监督抽验、专项检测、危机应对为主，检测项目以对政府能力补充性的为主，如新的化学性污染、基因鉴定等。

2013年4月22日，上海市药监局在政务网发布《食品、化妆品检验检测机构公开遴选公告》，在规定时间内收到了22家检验检测机构的申报材料，SGS成为委托实验室之一。

民营检验机构在社会主义市场经济条件下，向政府食品药品检验机构发出了最具竞争威胁的挑战。很显然，政府改革的潮流，是把自己管不了管不好的，逐步归还市场和社会。2002年国内市场大规模对民营检验机构开放。目前国内存在的民营检验机构有华测检测、谱尼检测、诺安检测等；最大的民营检验机构华测检测曾在2009年负责起草的三部国家食品标准均通过审定。在未来的竞争中，民营检验机构将不断提升检验的市场竞争能力，政府检验机构也会在服务的多元化、市场化、均等化等方面做出调整。

据初步统计，在全国检验市场中，政府检验机构利用传统垄断优势占据了55%以上的市场份额；外资检验机构利用其成熟的市场运作经验及其在出口贸易检验业务中的天然优势占据了市场30%以上的市场份额；民营检验机构起步晚，资本实力较小，经过几年地快速发展，市场份额接近10%。

2012年国内检测市场份额

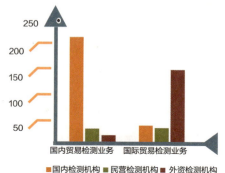

2012年国内检测市场竞争格局

3. 来自多方关注的呼声

20世纪90年代末，唱遍大街小巷的流行歌曲中，人们还在生活日渐富裕后把寻觅"一个温暖的怀抱……这样的要求算不算太高"当作基本的精神追求；20多年后的今天，却在更加富裕之后又无奈地感叹"养老生病不差钱……食品安全吃得放心……我的要求也不算高"。比歌唱的音乐表达更猛烈的是，在信息技术飞速发展的支持下，仿佛一夜之间，影响更大、传播更快的各种网络论坛、社区、群、空间、博客、微博、微信等新的媒体形式，竞相涌现。多向度的信息传播方式，使每个人都开始享有话语权。信息主体的多元化、传播渠道的丰富性、传播范围的无界性、传播速度的瞬时性、传播效果的叠加性等特征，决定了食品药品安全公共事件与其他公共事件一样，在传播上具有更强的广度和烈度。

在堪称嘈杂的呼声中，大家的意见主要集中在：食品药品要安全有效，符合标注的功效标准；无假冒伪劣损害消费者饮食用药安全，或者出现假冒伪劣也能够得到及时查处；监管的制度和体系要健全、顺畅，要能管得住，管得好；要在技术上对真假食品药品进行鉴别；对食品药品潜在风险能够科学评估，提前预警；期待监管队伍能够公正廉洁、勤政务实、履职尽责，具有良好的管理形象；有一条畅通的建议和投诉渠道，以利于改进监管、维护权益。

——精准定位：以服务赢未来

作为技术服务的检验机构，无论改革的走向如何，无论未来的市场竞争如何激烈，检验能力和服务质量都是守成立业、壮大发展的法宝。所以，以不变应万变，咬定顾客至上的服务理念，通过建立服务效能的自我评估体系，不断提升综合服务能力暨核心竞争力，这是我们的不二选择。

1. 需求导向牵引技术服务

顾客作用的突显，归根结底是生产力逐步发展的结果。在社会总供给小于总需求，整体呈现卖方市场的情况下，顾客地位弱小，社会是一种生产者主导的社会，其中的政府也对公众处于主导地位。科学技术的发展，在根本上扭转了这一切！工业革命推动了生产力飞速提升，为社会创造了巨大财富，社会总供给开始大于总需要，逐步形成买方市场，顾客开始拥有更多的选择权和评价权。

"顾客至上"理念的引入，引发了公共组织行为模式的根本改变。从本质上说，顾客导向型政府的管理哲学就是回应顾客需求、为顾客服务、对顾客负责。食品药品行政监管部门及其设立的检验机构，作为首当其冲的关键民生部门之一，更有必要确立行政管理和技术服务的顾客导向，通过服务意识的强化和服务活动的训练，赢得政府、企业和社会对"中国药检"品牌的认同。

确立顾客导向，有效回应需求，提供服务，担负责任，就要求我们

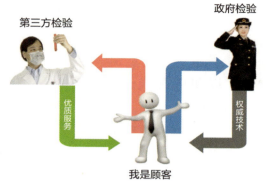

第三方检验

政府检验

优质服务

权威技术

我是顾客

首先搞清楚食品药品检验系统有哪些顾客，顾客有什么需求，才能针对需求，有的放矢，通过提升自身服务能力、加强服务评估，提供全方位、关怀备至的有效服务。

无论将来体制改革走向如何，国家对食品药品质量安全的行政监管职能都将客观存在，政府都是检验服务的重要客户。针对政府的行政监管技术服务，必须扭转现有"你抽样，我检验"的被动承检模式，全方位审视、思考、细分政府所需要的服务领域，针对不同的服务要求，提供相应的服务对策。就监督抽样来说，不仅要能够按照要求完成监管抽样任务，而且全检率要达到规定标准，为提高药品质量监督评价的全面性提供科学的数据统计和技术分析；同时，还要善于通过定期统计分析检验结果，总结规律性的意见，为监管部门提供有价值的技术监管建议，以提高稽查的针对性。就药品快检来说，在保证较大任务量和覆盖面的基础上，要确保查得出、查得准、查得快。就应急检验来说，公共安全事件直接关乎人的身体健康和生命安全，在应急处置上时间紧，要求高，影响深，压力大，要有效应对媒体、公众和社会各界的关注。所以，无论何时、何地、何条件，都要能够第一时间出具检验结果，结果要公正权威，经得起验证，让社会信服。

目前只占检验业务量一小部分的企业委托检验，将来有可能占有越来越大的比重。所以，更要针对企业的不同服务需求，订制不同的服务方案，以满足各类委托检验、咨询、测试、培训、指导等服务；并且要充分利用技术上的领先优势，对食品药品的行业发展提供具有前瞻性的指导意见，以赢得企业认同。针对社会公众所要求的公益服务，更需要广开渠道，细致耐心。

多年来一直坚持的广场服务活动，需要进一步提高针对性，增强吸引力，使群众喜闻乐见，易于接受；近来开展的实验室开放日活动，更需要从流程设计、样品展示、讲解内容、互动形式等方面下大力气，真正摸清群众的想法和要求，防止做样子，走形式；可以定期组织专项活动进社区，直接为群众送服务、送技术；加强和媒体沟通，搭建有效宣传平台，提高食品药品科学实验新闻发布的权威性、即时性，以促进技术监管部门和社会的信息沟通，持续提高社会公众的饮食用药安全意识和自我保护能力。

2. 服务力就是竞争力

良好的服务能力，是吸引顾客、增强客户黏性、打造食品药品检验新形象的基础，也是检验机构应对来自国际国内市场挑战的核心竞争力。没有相应的服务能力，所有美好的发展梦想和品牌设计都只能是镜中花，水中月。在综合能力中，技术检验能力是基础，技术服务能力是主体，品牌影响力和检验工作者的发展梦是缀于其上的繁花和果实。为此，要在能力提升、技术装备、体系管理、质量保证、形象塑造等多个方面付出努力。

完善实验室建设，提升资源整合和利用能力是提高服务能力的基础。要达到这个要求，必须加快改造实验室建设，完善仪器配备，打造功能完备、设计合理的实验环境，夯实检验的硬件基础。必须加快区县食品药品检验机构职能调整，合理配置食品药品检验资源，满足执法监督和企业服务需要。必须加快整合全国范围和各区域内的检验资源，实现资源共享和信息互通，力求消除检验项目空白，能够承接客户提出的各类检验服务。

[链接] "十二五"期间，中国食品药品检定研究院重点在人才培养、技术指导、科研工作、检验仪器设备、信息化建设、专项补助、对外合作七个方面开展对口支援新疆食品药品检验所的素质能力建设工作。"十二五"期间，针对新疆食品药品检验所缺少开展保健食品、化妆品、医疗器械检验技术人才的现状，中国食品药品检定研究院协调国家十大医疗器械检测中心等部门给予免费的专项培训，并对新疆食品药品检验所使用的药品检验管理系统软件进行免费升级，支援新疆食品药品检验所与各地州市药品检验所联网建设，还选派专家对系统使用中的具体问题进行现场指导。每年中国食品药品检定研究院将拿出专项资金用于新疆开展各项检验检测工作，同时支持配合新疆食品药品检验所与周边国家相关检验机构的交流合作，提高新疆所的知名度和影响力。

加快检验技术研发，是提升服务能力的实战要求。各级食品药品检验机构要力求在承检范围内，实现检测项目的全覆盖。省级以上和各口岸院所，要加强自主创新，提升研发能力，积极引进、消化和整合国外先进技术，创建安全技术研究、标准提升、检验服务、信息交流四位一体"国内领先、国际认可"的公共检验服务平台。要加强快检技术地方标准、技术规范的制定，加快不明化学物质检验方法的研究，提升快速检验能力。

加快信息化建设，提升信息的共享度、开放度是提升服务能力的有效手段。以资源整合、功能完善、效率提升为总体目标，统一食品药品行政监管和技术支撑信息化门户，搭建综合性业务管理平台；创建涵盖食品、药品、医疗器械、保健食品、化妆品等行政监管和技术检验的整个流程，实现全品种、全过程、动态化的信息管理。建立安全网络信息智能检索分析系统，实现对食品药品安全事件性质、风险、影响等自动分类检索、分析判断等，达到对安全信息的全天候监控，为政府形势研判、及时处置安全隐患提供科学依据。加强公共服务平台建设，完善溯源信息体系，促进政府信息公开，方便群众获取食品药品安全信息。

加强应急检验体系建设，是满足政府应急检验服务的新要求。以有效预防、积极应对、及时控制食品药品安全事故为原则，加强突发事件应急指挥决策体系和应急处置体系建设，建立食品药品安全突发事件和重大事故应急反应联动网络平台，拓宽向应急管理部门、监管部门、生产经营企业和社会公众发布预警信息的渠道，顺利和政府应急指挥系统对接。完善各类应急预案，搞好应急物资储备，充分运用实时监控系统，不断提升监管人员应急意识和处置能力，高效组织应急救援，最大限度减轻食品药品安全事故的危害，保障公众身体健康与生命安全。

第16届亚运会前广东省汕头市在进行食品检验应急演练

在遵守科学规律和法律法规的前提下，为客户提供高效率、一站式、全方位的技术服务，进一步提升检验效率和服务质量。对于常规检验项目，制定标准化的检验流程和操作规范，大幅压缩现有检验程序的时间和经济成本；对于疑难问题，设立技术专家委员会研究解决。围绕科学检验，不断完善质量管理体系，加强道德建设，培育科学精神，确保检验质量和数据可靠，不断提升市场知晓度、公信度和美誉度。进一步探索实践事业单位法人治理制度，加快构建以公益目标为导向、内部激励机制完善、外部监管制度健全的治理结构和运行机制，切实提高公益服务能力和服务水平。

3. 建立服务力评估体系

技术服务的效果如何，除了利益各方的主观感受，更有赖于建立一套相对客观、全面、系统的评估体系，以按照体系进行公正、准确的评估，从而避免对成绩或问题视而不见、以偏概全的片面和偏激。

【链接】在西方，绩效评估自14世纪复式记账产生之后，又经历了成本绩效评价、财务性绩效评价阶段，到1992年Robert S·Kaplan 和 David P·Norton发明平衡计分测评法，标志着企业管理进入战略性绩效管理时代。政府引入绩效管理这一方法，源自美国1973年出台的"联邦政府生产力测定方案"。到20世纪80年代各国政府为应对财政困境和公共服务需求扩大之间的矛盾，掀起的"新公共管理运动"。从撒切尔夫人的"经济行政"到美国"创造一个少花钱多办事的政府"，再到新西兰的核心部门改革、放宽限制、民营化和澳大利亚的"竞争、绩效、透明"政府，西方主要发达国家无一例外地引入了市场竞争、顾客导向、质量管理以及绩效管理等机制。在国内，自

1994年烟台市建委率先实施社会服务承诺制开始，经过20世纪90年代各地"公民评议政府"活动，到2007年温家宝在国务院廉政工作会议上正式提出"抓紧建立政府绩效评价

> **小贴士**
>
> 食品药品检验服务绩效，是指在一定时期内履行法定职责、提供技术服务所取得的成绩和效果。

制度"，这一管理方法不仅促进了经济发展，而且提升了政府为民服务意识，打造了务实、高效的政府组织文化。

当前全国食品药品检验系统已经探索开展了服务评价体系的绩效考核工作，未来食品药品检验机构服务评价体系绩效考核由市场竞争、自我治理、经济效益、技术服务、检验质量、物质支撑、创新能力、人员素质等方面的指标体系组成。我们本着可操作、系统性、有效性、可比性、动态性、导向性、独立性等原则，力求从主管部门评估、自我评估、同行评估、公众评估、企业评估、专家评估等不同角度，建立一套比较适合当前我国食品药品检验系统的服务力评估体系。如下表所示。

食品药品检验系统服务评估指标体系

类别	序号	评估指标	考量单位	评估目标
市场竞争	1	区域市场占有率（业务量）	百分比	市场认可度
	2	检验业务增长率	百分比	组织活力
	3	主要竞争者市场占有率	百分比	竞争烈度
	4	品牌占有率（随机问卷调查）	百分比	品牌知晓度和美誉度
	5	被投诉、起诉率	百分比	品牌形象
	6	服务对象满意度调查	次/年/百分比	品牌认可度
自我治理	7	理事会制度	次/年	治理开明程度
	8	竞争上岗制度	人/次/年	内部活力
	9	民主生活会制度	次/年、职工满意率	民主和自治程度
	10	专家委员会制度	讨论/解决问题数	
	11	干部职工满意度	百分比	管理水平和集体认同感
	12	违法违规案件发生率	件/年	廉政建设效果
经济效益	13	财政拨款	万元	财政依赖程度
	14	检验收入	万元	服务效能（创收/营利能力）
	15	总支出	万元	运行总成本
	16	人均支出	万元	人均成本
	17	检验支出	万元	业务成本
	18	工资福利支出	万元	人力净成本
	19	行政及其他支出	万元	辅助成本
	20	收支节余/缺口（参照指标）	万元	账面经济效益（不含公益服务）
技术服务	21	监督检验数量	批/次	行政监管技术支撑能力
	22	应急检验任务完成情况	批/次、效果	
	23	快速检验数量	批/次	
	24	质量分析报告	件	
	25	监督抽样建议	条、价值	
	26	服务承诺及其兑现程度	项/百分比	服务诚信度
	27	服务受理和投诉渠道	件/年/是否畅通	服务质量
	28	广场活动	参与人/次/年	为公众服务意识
	29	进社区活动	人/次/年	
	30	公益讲座	人/次/年	
	31	委托检验数量	批/次	为企业服务能力
	32	为企业提供技术指导	人/次/年	
	33	为企业解决技术难题	例/年	

类别	序号	评估指标	考量单位	评估目标
检验质量	34	样品全检率	百分比	检验能力/质量
	35	检验周期合格率	百分比	检验质量
	36	不合格样品复检率	百分比	技术操作规范程度
	37	检验项目覆盖率	百分比	检验能力
	38	检验报告书差错率	人/次/年	检验能力/质量
	39	检验流程	项	规范程度
	40	检验记录	项	完善程度
	41	业务分包比例	百分比	检验能力
	42	质量管理体系	文件完善及执行	检验质量
	43	实验室环境和设施	受控程度	完善和规范程度
	44	标准品、对照品等管理	记录及其完善程度	规范程度
物质支撑	45	仪器配备和维护	台/套	硬件建设支撑能力
	46	实验室建设情况	平方米及功能划分	物质基础支持水平
	47	实验室认证资质	级别	综合发展能力
创新能力	48	参与、举办技术交流活动	人/次/年	文化共建和技术学习能力
	49	专业论文发表数量	篇/级别/年	技术（管理）创新能力
	50	承担课题数量	项/级别/年	
	51	实验室比对	项、结果	检验能力
人员素质	52	人员构成	学历、职称	人才队伍建设水平
	53	专家人数	领域、层次	
	54	人才流失率	人/年	文化凝聚力
	55	出勤率	百分比	事业和文化吸引力
	56	体检次数和健康人员比例	次/年、百分比	干部职工健康程度和发展潜力

第八章

因需施策 —— 释放检验为民新举措

应用风险管理，实现质量安全监测关口前移……全方位合作交流，综合服务力提升……齐抓共管，集聚检验为民最强声音……

随着社会生产力关系的不断变革，行政监管部门在监管体制、机制和手段上已经发生了一定变化。作为政府行政监管的技术支撑机构——食品药品检验机构，也要结合政府职能转变的新形式，创新工作模式，以社会共治理念为指引，探索出一套检验为民的新模式！

—— 风险管理：重在预防

食品药品安全风险是客观存在的，而且是在不断变化和发展的，为了更好地满足社会公众饮食用药安全需求，就要提高食品药品检验机构风险预警能力，制定科学预警的措施，将危害食品药品安全的事件，扼杀于萌芽状态。

1. 牢固树立风险意识

"安全"代表着一种存在的状态，即为"没有风险，或免于风险"，就药品而言，它作为一种特殊的商品，其安全性并非免于风险，而是对药品收益与风险之间的考量。

📹链接 《试论药品上市前评价和上市后评价》的文章中就这样提到："如对于普通细菌感染而言，

> **小贴士**
> 美国FDA对药品安全是这样定义的：药品安全不是没有风险，而是当一个产品的临床收益大于其可能的危害或不良影响，就是安全的。

我们追求完全治愈的目标，自然不能也不会容忍即使在达成完全治愈的情况下，带来严重的损害（如致畸）。但如果是对危及生命疾患的可以完全治愈的药品，而且没有替代，我们就会愿意接受致畸的损害。如一个解热药频发肝脏损害事件，也许尚不严重，但在有替代的情况下，或者即使尚无替代，也会基于安全的担忧而放弃它；相反如果是一个效果不错的抗肿瘤药，即使频发肝损害，我们容忍它的可能性也是较大的。"

同样对于食品安全包括食品卫生、食品质量、食品营养等相关方面的内容和食品（食物）种植、养殖、加工、包装、贮藏、运输、销售、消费等多个环节，安全风险也是无时无刻不存在其中。

对于检验工作者而言，牢固树立食品药品安全风险意识，按照食品药品自身属性，对食品药品进行符合性检验的过程，就是对食品药品安全进行风险管理的过程。

2. 扩大药品安全性、有效性评价范围

在现行法律中，药品上市前的安全性评价作为药品风险效益综合评价的客观依据，规定了上市药品至少应该满足具有有效质量控制的衡量

小贴士

药品风险管理是指通过对药品安全性和有效性监测，在不同环境（不同状况、不同事件、不同社会、经济背景、不同药品）对药品风险/效益的综合评价，采取适宜的策略与方法，将药品安全性风险降至最低的一个管理过程。

标准，也就是我们日常检验工作中的质量标准。

但在大多数食品药品检验机构中，检验工作还是通过对照药典和药品质量标准进行符合性检验，依法判定药品的安全性与有效性是否符合质量标准的要求。对于符合标准规定的产品就判定为合格，对于不符合标准规定的产品就判定为不合格，而对标准未进行控制的其他因素，如药品生产、流通、使用环节中可能存在的标准以外的未知风险，还无法通过日常检验的手段来进行预测和判断。

在监管部门提出将药品风险管理贯穿药品的整个生命周期的新形势下，作为药品检验机构，在药品安全性、有效性的控制方面，可以探索开展在新药临床前质量研究和药品上市后质量监控和标准提高，尤其是在中成药的质量判断方面，应对违规投料和掺假现象，给予及时的预警；同时可以联合医疗机构，在一些不良反应突发药害事件中，开展药品安全性的研究。让是否符合标准的"静态"判断式检验，变为"动态"的预警式检验。

同样，也可以适时增加食品药品检验机构在法律法规方面参与风险管理与研究的职责。比如在检验机构的相关职责中可以增加检验机构在处理突发事件中，应及时协助监管部门发布符合性检验的相关信息，同时针对突发事件情况，针对药品的安全性与有效性开展系统研究工作，并做出客观的评价结论。对于发现质量问题的产品，应及时制订补充检验方法、开展标准提高工作等。只有这样才能更有利于保障药品风险管理工作的顺利开展。

3. 排查食品中的风险物质

2009年颁布的《中华人民共和国食品安全法》中，提出了对食品安全风险监测和评估工作的相关要求。国家食品安全风险评估中心也在2011年10月成立，承担着国家食品安全风险评估、监测、预警、交流和食品安全标准等技术支持工作。2014年《食品安全法(修订草案)》进一步明确了食品安全风险评估和食品安全标准制定的相关要求。作为食品药品检验机构，在日常食品检验工作中应树立风险意识，结合目前社会的食品安全状况，主动开展风险物质的排查工作，探索建立新的质量控制标准。

> **小贴士**
>
> 新的《食品安全法（修订草案）》于2014年6月23日经全国人大常委会初次审议，并于7月2日在中国人大网公布，向社会公开征集意见。

链接 英国经济学人智库和美国杜邦公司分别发布了全球食品指数排行榜，中国在两个榜单中分别排第四十二位和第三十九位。排在前1/4的国家都是发达国家，说明食品安全状况与一个国家的经济社会发展程度有密切的内在联系。

细心留意身边的畅销食品就不难发现，目前同一种类产品的多样性和档次的差异化在逐渐加大，例如一瓶矿泉水的价格，就可以相差几倍甚至几十倍；同种产品针对不同的消费人群，也会出现不同的附加功

167

能。市场对商品需求的多样性和商品附加功能的多样化，就带来了产品差异性质量标准，产品价值的高与低，品次的好与坏，应该通过哪一种甚至是哪几种指标成分进行控制，又如何通过不同的质量标准来进行监控。是我们检验机构即将面临的挑战。《2013年世界卫生统计报告》显示，截至2011年，中国人均寿命已达到76岁，高于同等发展水平国家，甚至高于一些欧洲国家，未来针对老年人健康的膳食产品将出现井喷式的增长，因此在未来一段时期，作为食品检验工作者，在风险物质排查、功效成分质量控制方面将大有可为。

——交流合作：迸发"三力"

无论是作为政府监管的技术检验机构，还是"第三方"的社会检验力量，在新时代的机遇与挑战下，检验机构都应以提升公信力、强化凝聚力、扩大国内外影响力为目标，通过交流合作，建立多元化的检验为民新机制。

1. 整合检验资源的凝聚力

2013年国务院对食品药品监督管理体制进行了调整，同时要求食品药品监管总局要在2014年年底前完成指导地方食品检验检测机构整合工作，在2015年年底前完成整合食品药品和医疗器械检验检测认证资源，组建国家级检验检测认证机构。这些要求，其关键点就是"整合"，这给食品药品检验系统未来的发展指出了一条明确的发展道路，也给我们全系统提升检验效能，提升食品药品检验系统的凝聚力，产生"1+1＞2"的效能，提供了重要的契机。

检验机构的整合与检验机构间效能的发挥，的确应该因地制宜，在这里提出纵向联合与横向整合相结合的方式，为今后机构改革工作提供参考。纵向联合即发展区域性综合检验机构，对于省内同一系统的政府检验机构，可优先考虑系统内整合，这样既可以做强、做大技术机构，又加强了技术机构对相关行业和政府行政监管的服务作用。横向整合就是，对于县（市）级检验监测机构，由于不同行业间的政府技术机构规模较小，且检验项目分散，通过整合为同一机构，便于统一规划、集中力量，减少政府重复建设。2014年辽宁省率先在食品检验领域尝试纵向联合的方式，整合疾病预防控制中心、药品检验所、产品质量监督检验院和其他单位的食品检验资源，组建了隶属于省食品药品监督管理局的辽宁省食品检验检测院，实现了省内食品检验系统的资源整合。

[链接] 国家食药监督管理总局官网2014年7月17日消息，辽宁省食品检验检测院于7月16日取得了辽宁省质量技术监督局食品检验机构实验室资质认定证书，标志该院具备了依法开展食品检测的资格、能力和水平。辽宁省食品检测检验院第一批工作人员由抽调自辽宁省疾病预防控制中心、辽宁省药品检验所、辽宁省产品质量监督检验院和其他单位的79名技术骨干组成。通过

一年实验室改造和仪器设备装备的初期建设、三年人才梯队基本能力建设和三年研究水平提高发展的三个阶段，力争到2020年建设成为"国内一流、国际接轨的区域性食品检测检验技术机构"。

　　同样值得借鉴的还有国家质量监督检验检疫总局在宁波组建技术联

盟——"国家石油化工产品检测实验室联盟"和"国家铁矿检测实验室联盟"的做法。他们的这一做法，通过将同一专业领域的检验检测认证机构，组建成为综合性检验检测认证机构，为推动检验检测认证高技术服务业集聚区建设和提升重点领域检验检测认证能力，起到了示范的作用。

[链接] 2014年6月4日，"国家石油化工产品检测实验室联盟"和"国家铁矿检测实验室联盟"在宁波正式成立。两个联盟是国家质量检验检疫总局按照"联合、互补、共享、创新"的原则组建的正式运作的实验室联盟。以"提供检测技术的服务平台、技术信息的共享平台和科技创新的支撑平台"为建设目标，通过积极探索各实验室技术创新、协作共享的工作机制和模式，充分发挥联盟各相关检测实验室的技术优势，使全系统现有石化和铁矿实验室的存量资源发挥更大效益，形成整体技术合力，参与社会研发与服务，不断提升检验检疫系统实验室"履职把关，服务社会"的技术水平。同时，跨部门、跨行业、跨地区地吸纳更多相关技术机构参加"两大联盟"，建成面向市场、开放的、具备可持续发展力的技术联盟。成为石油化工产品及铁矿检验检测服务业发展的综合检测服务中心，创新示范中心，技术共享中心和人才培养基地。

相比较国家质量检验检疫总局的两个联盟，如果成立"国家食品药品检验集团"，其覆盖领域虽然单一，但它的运行更容易形成系统合力，且系统内部交流合作的模式和运作基础相当成熟。例如在应对重大食品药品安全突发事件上，可以集全集团之力，利用"技术信息的共享平台和科技创新的支撑平台"，通过协作共享的工作机制和模式，来形成系统合力，实现对社会药品食品安全热点难点问题的快速应对和解决，同时也提升集团的国内知名度。在食品药品安全隐患排查与研究方面，也可以通过探索各实验室技术创新，共同参与和完成全局性的研究与科研工作。同时可以参照上述两个联盟的做法，吸纳相关领域机构加入联盟，同样同一个机构也可以加入不同的联盟，实现行业甚至整个产业链的资源共享。

可以探索成立以国家级食品药品检验实验室为龙头，省、市各级药检机构为辐射的食品药品检验集团，以现有运行模式和各地市场化发展的不同程度与需求，侧重不同的检测方向。根据不同分工，国家级检验机构统筹重大专项工作及仲裁；省级机构重在指导地市级药检机构，根据辖区生产、流通、使用特点，开展区域性检验技术工作；市级药检机构守土有责，针对辖区用药安全特点和常用药积极开展针对性的检验检测和风险管理工作。这样各有分工、各有侧重才能实现现有检验资源的效能最大化。

2. 提升检验水平的影响力

随着我国食品药品生产与消费规模的迅速扩展，国内外食品药品贸易的往来也逐渐加大，我国目前食品的出口贸易额已居世界首位，药品虽多以原料的形式出口，但其贸易额也达到500亿美元。随着我国食品药品全球化贸易往来的不断加剧，作为国家食品药品检验机构，理应不断推进我国食品药品行业质量全球化和标准互认的进程，并在国际合作方面释放出更多的国际影响力。

在参与国际间交流合作的同时，我们也应清醒地认识到伴随着我们的产品走出国门的，不光是产品本身，还有产品的质量和能够对产品质量进行有效控制的质量标准。近年来肝素钠事件、英国禁售中成药事件，都是药品贸易全球化过程中，国际社会对我国产品质量"信任危机"的典型案例。

更多的非议与不信任还存在于国内生产的中成药制剂上。2013年上半年我国中药出口金额14.91亿美元，同比增长22.49%，增量主要来源于植物提取物和中药材出口大幅增长。但中药材出口的大幅增长，并没有给我们中成药的出口带来增长，甚至经由我国药品生产企业提取、加工、制剂的产品反倒还得不到国际社会的认可，这就说明国内产品加工的质量控制体系和制剂的科学性还没有得到国际上的认同。这种现象的出现，值得我们检验机构在检验业务拓展方面有所关注，尤其要加强复方制剂成分安全性与有效性方面的研究。

近年来食品药品检验系统为了实现与国际接轨的目标，在中国食品药品检定研究院的引领下，积极参与国际机构之间的实验室比对、能力验证、国际药品标准制修订、国际标准物质协作标定等工作，目前食品药品检验系统已有5家检验机构通过世界卫生组织（WHO）、美国FDA等国际机构的认证认可，建立国际药品快速检验技术论坛年会机制，与俄罗斯、美国、英国等30多个国家或地区的相关机构签订快速检验技术合作备忘录。2014年中国食品药品检定研究院被WHO批准为全球第七个生物制品标准化和评价合作中心。与此同时，食品药品检验系统还积极参与全球基金开展预防和治疗艾滋病、肺结核和疟疾三大疾病药物的质量标准提高工作。2009年受WHO组织委托，首次承担《国际药典》17个品种的标准起草任务。取得互认资质、参与国际标准的制修订，已经成为我们走向国际和释放国际影响力的重要手段。

链接 2014年7月4日，世界卫生组织（WHO）总干事陈冯富珍博士在京宣布，继2011年3月我国疫苗监管体系首次通过世卫组织评估，中国以高分通过今年4月进行的再评估。陈冯富珍表示："中国疫苗国家监管体系已经达到或超过世卫组织的全部标准。"2014年4月，世界卫生组织派出的来自总部和多个国家共17位专家对我国疫苗监管体系七个板块进行全面再评估。中国食品药品检定研究院承担的实验室准入和批签发两项职能再次以满分通过评估。

2014年，一个振奋人心的消息出现了，在医疗器械有源领域即将诞生第一个由我国独立起草的国际标准。由中国医疗器械企业提出的脉象仪触力传感器国际标准提案，在2013年被德班会议批准立项之后，经过近一年的技术方案准备，于2014年2月经各成员国第二轮投票通过，从而顺利进入正式标准方案起草阶段。这标志着：脉象仪触力传感器成为中国第一个获准独立起草的有源类医疗器械国际标准，也是中国所有有源

类医疗器械（含有源类西医医疗器械）中第一个获准独立起草的国际标准。

承担国际标准的起草是检验能力的最高体现，"国际一流、国内领先"目标的核心就是标准

的话语权。也在于能够制定国际互认的产品质量控制标准，能够对产品质量进行实时监控，能够适应不同国际市场的质量要求，能够在面对国际性突发事件时彰显标准建立的能力水平。这将是食品药品检验机构今后一段时期树立权威性与公信力的最现实体现，也是帮助"中国制造和中国创造"得到国际话语权的关键保障。

3. 打造社会高度认可的公信力

小贴士　"自然人送检"是指食品药品检验机构在药品管理法和食品安全法规定的受理职责以外，为满足社会百姓的需求，结合社会热点问题，针对个人探索性的开展的委托检验业务。

公信力代表着政府的影响力与号召力。提升政府公信力的首要任务就是要了解公众对政府的需求，政府应该是什么样的，应该做什么而不能做什么，都应以人民的需求为导向。有没有公信力，就看服务到不到位。服务监管、服务产业发展、服务公众等方面体现检验为民的宗旨。

近年来，为回应社会热点问题，满足公众诉求，食品药品检验机构探索性的开展"自然人送检"业务，针对消费者在消费过程中购买到的可疑食品药品，开展针对性的检验工作，满足公众的合理诉求。

链接　深圳药品检验所于2007年在全国药检系统中，率先向市民开放"自然人送检"业务，目前探索开展了包括贵重中药材的真伪鉴别和保健食品非法添加成分的筛查等业务受理内容，以出具检验结果通知单的形式，告知消费者委托检验结果。目前出具检验结果通知单500余份，不合格率达到40%以上。

目前药品检验机构多以贵重中药材的真伪鉴别和保健食品非法添加成分的筛查作为"自然人送检"的委托检验范围，在接下来的工作中，对于群众诉求，可以继续探索在食品特定检验项目和化妆品禁限用物质检验方面拓展"自然人送检"业务的领域。也可以结合政府技术监督的职责，将"自然人送检"的结果作为监督检查的重要风险点予以提示或公示，或作为监督查处的重要预警信息。还可以结合群众举报奖励机制，通过对检验不合格产品免除送检人检验费用的奖励措施，提高群众参与"自然人送检"的积极性，拉近了政府技术监管部门与群众间的距离。

[链接] 辽宁新闻网报道——2014年7月18日起，辽宁省食检院正式开始接受企业和个人送检，可以检测食品中微生物、重金属含量、防腐剂、甜味剂、三聚氰胺、苏丹红等非法添加剂等。辽宁省食药监局副局长王天宇表示："目前，省食检院以国家、省计划内的检验任务为主，同时接受企业和个人送检。针对个人来检测，省食检院出具的报告只对市民送检的单一样品负责，不评价其他同类产品。"同时，公众可以通过投诉举报程序向食药监部门投诉某种食品存在问题，省食检院接到食药监部门的检测通知时，可以抽取问题样品进行检验。针对市民对食品某一方面的担忧，食检院相关工作人员会建议相关的检测项目。

食品药品安全知识的科学宣传，也是我们直面公众需求，展现公信力的一个重要手段。我们目前的宣传形式，包括设立实验室开放日、社区药品安全宣传、专题宣传周等对食品药品安全常识和社会常见问题进行展示和知识普及。在接下来的工作中，可以应用新媒体的力量，例如借助网络、手机APP、微信平台等宣传载体，实现宣传内容的随时查阅和多次播放，以扩大受众人群和宣传频次；我们还可以大胆尝试，采用宣传短片、网络动画视频、科普常识视频图片等形式，取代目前多以展板和宣传手册等纸质宣传形式，提升群众对宣传内容的认知度和可视度；尝试将目前社会食品药品安全形势与我国所处的社会发展阶段相结合，将共性食品药品安全常识与日常生活相结合，取代目前的宣传内容多侧重于对问题的回答和专业知识的介绍，使我们的宣传内容更易于群众接受，打通服务群众的最后一公里。

南京市食品药品检验所"实验室开放日"活动场景

——社会共治：检验为民新格局的探索

实现食品药品安全领域的长治久安，必须形成社会共治的格局。这是政府工作的新思路，作为政府监管的技术保障部门，食品药品检验系统在政府监管思路、监管模式和监管方法转变的同时，更应主动作为，探寻食品药品检验机构社会共治之路。

链接 2013年4月10日国务院《关于地方改革完善食品药品监督管理体制的指导意见》（国发〔2013〕18号）明确指出，形成食品药品监管社会共治格局，在更好地推动解决关系人民群众切身利益的食品药品安全问题上具有重要意义。国务院副总理汪洋在2014年6月5日召开的全国食品药品安全和监管体制改革工作电视电话会议上讲道：食品药品安全事关人民群众身体健康和生命安全，是重大的民生问题、经济问题和政治问题，要作为头等大事来抓；各地区、各有关部门要加快推进地方监管机构改革和职能转变，建立覆盖生产、流通、消费各环节的最严格的监管制度，形成食品药品监管社会共治格局，全面提升食品药品安全工作水平。

1. 多元化的检验市场

社会共治最核心的理念就是形成一个"小政府、大市场、大社会"的监管模式，政府机构制订权责清单，不该管的都放手让市场和社会管理。检验行业的改革，也将转变为政府性检验机构和第三方检验机构共同承担政府监管和市场服务的功能，形成权威性、公益化、市场化、品牌化的检验为民模式。

食品药品检验机构的市场化改革步伐，将剥离原有检验机构大部分市场业务及一般性检验业务，成立公司制企业，开展市场经营。但这并不意味着取消所有政府技术检验机构，保留部分政府检验实验室是国际惯例。比如说美国的检验模式，平常都是由自负盈亏的第三方机构承担检验，只有当出现问题或者争论的时候，才会经国家实验室做出检验判定。在不久的将来，有可能形成以国家实验室为龙头、国家实验室各省市分站为辅助的食品药品检验集团，社会第三方检验机构参与的检验行业社会共治新模式。

国家实验室只承担一些评判式的检验，就是说当出现了矛盾，大家说不清楚的时候，才会经国家的实验室做检验、出数据，这样经国家实验室出来的数据，老百姓都会认为是至高无上，绝对权威，不容挑战。检验内容也多集中在事关国计民生的重大药害事件、产品质量安全抽检及质量风险预警分析、质量违法案件的查处等公益性事件的处置，还包括：标准品的供应和标化，对技术服务机构、药厂、医疗制剂机构的技术指导，新技术新方法和社会热点问题的分析与研究，以及学科专家的培养。机构名字的出现就代表了一种权威性。

政府大量的检验工作将被推向市场，政府的日常检验工作通过购买服务的方式交由第三方检验机构承担。以政府扶植或政府需求为导向，第三方检验机构将经历人员结构优化，仪器设备资源合理配置，检验成本控制，个性化服务为导向等一系列市场优化资源配置的过程。同时形成具有符合地方产业发展特色、资源合理配制、个性化优势服务的具有品牌效应的第三方检验机构。

2. 共同构造生产源头质量体系网

强化企业质量安全意识。企业是第一责任人的理念在社会共治监管格局中被大量提出，其中尤为强调的是企业自律，这可能成为我们检验系统发挥技术服务作用的主要切入点。

随着企业对产品质量和研发工作的不断深入，检验机构能否在监管部门的监督下将评价性抽验工作的开展情况及时向企业公布，或是通过警示、告知的方式将评价性抽验工作开展的结果及时反馈企业，以避免企业的重复研究，同时也将评价抽验的结果最大化的应用于产品质量的提升，是我们接下来在管理机制方面可以大胆尝试和努力的方向。类似的做法也可以应用在日常检验结果的发布上，检验机构可以将一些检验工作中发现的问题或意见建议，应用信息化手段在监管部门的监督下反馈至企业，及时帮助企业找到可能存在的产品质量风险。与此同时，检验机构也应该在企业在研药物大幅提升的情况下，主动参与到企业原研药物临床前实验与质量标准起草的工作中。

参与产品质量标准的制定、执行与提高，一直是检验机构的职责所在。其中作为国家药品质量"法典"——《中国药典》，70%的编委集中在食品药品检验系统中，其他现行药品质量标准的起草与复核工作，也全部由食品药品检验机构承担。因此对于企业产品的质量控制，检验机构应发挥责无旁贷的技术支持作用。《中国药典》（2015年版）将在2015年正式实施，相比较于2010年版，2015年版在检测技术、杂质控制等方面均有了较大提升，因此全面的宣贯和培训将是今后一段时期内食品药品检验机构提供给企业最为实际的服务之一。同时，在开展标准提高工作时，也应结合企业生产实际，在提升产品质量标准的前提下，最大限度地节约企业的生产成本。针对企业需求检验机构可以采用长期、中期、短期的方式，开展专题培训。同时以丰富培训的形式，例如座谈交流、操作辅导、实验室参观、理论授课等，重在解决产品生产过程中企业可能出现的质量控制问题。将技术支撑的阵地由发出"检验报告"的最末端，移向产品生产质量控制的最前端。

3. 搭建平台，听到你我的声音

在构建社会共治监管格局的要求中，特别提到需要发挥社会组织、新闻媒体和公民个人等多种力量，共同构建多方联动、运转高效的社会治理新格局，全面提升食品药品安全水平。在这一共治格局中，政府监管部门起主要作用，而诸如新闻媒体和公民个人等第三方的监管力量也不可忽视。

作为检验系统发挥技术支撑作用，就是要解决一个"平台"、两个"声音"的问题，要搭建一个平台首先要能够随时听到群众的声音，同时也要让群众在突发事件发生时，听到我们的声音。

搭建一个平台，听到群众的声音。

构建社会共治格局，必须健全公众利益表达机制。首先应完善惩罚性赔偿制度和举报投诉奖励制度。畅通公众参与渠道，公众除通过电话、来信、来访、传真等途径举报外，通过电子邮件、微博等新形式举报也受理。坚持经济赔偿和经济处罚并重，鼓励消费者依法起诉违法企业，取得经济赔偿；鼓励消费者和社会公众积极举报企业违法行为，取得物质奖励，从而调动全社会的力量共同保障食品安全。其次要加强对社会公众的宣传教育，切实提高其科学认知和有效防范食品药品安全风险的能力，做到理性消费，拒绝购买假劣产品。

[链接] 2013年，武汉市药监部门利用社会监督实行网格化管理，采取"以费养事"方式在新城区建立街道食品安全工作站，向社会招聘了百余名食品安全管理员，在基层食品安全工作中发挥其信息员、协管员、宣传员、调解员、监督员的作用。这在很大程度上弥补了监管部门食品安全执法人员数量的不足，加强了基层食品安全监管力量。同时联合市财政局制定了《武汉市食品药品违法行为举报奖励办法（试行）》，对涉及食品生产流通、餐饮服务、保健食品、药品、医疗器械、化妆品领域的44种违法行为的有效举报实施奖励，以此鼓励公众积极举报食品药品违法犯罪行为，及时发现、控制和消除食品药品安全隐患。

搭建一个平台，让群众听到我们的声音。

我们的声音，对于检验部门来讲就是权威、客观、公正的说法，再说的具体一点就是报告书。报告书就是检验机构的产品，我们在过往的工作中对于报告书内容的表述，仿佛有些过于严谨，其出发点在于维护检验机构的规范性与公正性，但是我们的"符合规定"与"不符合规定"究竟对于公众来说能否满足他们的意愿，一直是我们工作中未能破解的难题，难不在于技术能力、不在于科研水平，而在于我们的服务理念和职责定位。能否让我们的报告发出一种百姓能够理解的声音，给予社会主流媒体能够理解和转变药品安全观念的声音，尤其是在突发事件中，不仅仅是百姓和主流媒体需要这样的答案，作为政府监管部门也需要除了符合检验以外的一些合理的建议和符合客观实际的严谨推断。

第九章
时代催生 —— 大数据下的检验为民

大数据时代已经到来……未来服务的制高点是信息化……
你我他都是"数字化"检验的主角……

　　大数据不同于信息技术，它不仅仅是一种新技术在相关领域的应用，还代表着一种人类思维方式的变化，甚至是利用大数据，可以帮助决策者完成某些决策。探讨大数据在检验为民工作中如何应用与实践，是希望对今后决策者在检验为民工作中的科学决策起到参考作用。

—— 大数据改变我们的生活

　　在发达国家和地区，人们从经济到政府社会管理、医疗、教育等其他社会领域都感受着大数据所带来的便利，甚至将我们现在生活的时代，称之为"大数据时代"。与此同时，在国内的网络中搜索"大数据"，其翻译成为中文的概念、书籍、案例也比比皆是，来自各方关于大数据信息的出现，改变着我们对现有数据的认知。数据不再是孤立的，毫无联系的，大数据不仅仅是规模庞大的数据，它将意味着一种思维方式的变化。

1. 用数据说话

就像美国管理学家、统计学家——爱德华·戴明说的那样"除了上帝，任何人都必须用数据来说话。"我们姑且不谈上帝与我们之间的关系，但是后半句话"任何人都必须用数据说话"，足以给我们带来十足的思维启示，同样也引导着我们将大数据不断地应用到日常的检验工作和问题分析中。

> **小贴士**
>
> 大数据（big data），或称巨量资料，指的是所涉及的资料量规模巨大到无法通过目前主流软件工具，在合理时间内达到撷取、管理、处理、并整理成为帮助企业经营决策更积极目的的资讯。

我们在探讨大数据与检验为民间的关系之前，先来了解一个关于大数据的典型案例。

在市场上销售的有关大数据的书籍中，这个案例最多的被提到——谷歌设计人员认为，人们输入的搜索关键词代表了他们的即时需要，反映出用户情况。为便于建立关联，设计人员编入"一揽子"流感关键词，包括温度计、流感症状、肌肉疼痛、胸闷等。只要用户输入这些关键词，系统就会展开跟踪分析，创建地区流感图表和流感地图。为验证"谷歌流感趋势"预警系统的正确性，谷歌多次把测试结果与美国疾病控制和预防中心的报告做比对，证实两者结论存在很大相关性。

通过这个案例，人们开始重新地认识手中的数据。随着时代的进步，的确是我们要用手中的数据去思考问题、解决问题的时候了。近年来信息技术的发展给我们的工作带来了很多的便利，办公自动化带来的无纸化办公、实验室数据管理系统带来的对实验数据的自动采集与自动计算，甚至是对财务资金我们也已经实现了通过软件系统来进行控制与管理，信息化技术已经给我们的工作带来了极大的效能提升。我们在实现对数据结果准确控制的同时，也已经开始尝试将过程中出现的数据，应用到我们对相关情况的判断和对问题的溯源工作中。只是我们还没有意识到，在我们身边的硬盘和每天面对的电脑里，海量的文件如果通过再加工和再处理，它可能呈现出新的规律，甚至会把我们苦苦寻找的答案轻而易举地呈现在我们面前。

2.　用数据管理

如何对大数据进行进一步的理解，一个最直观的解释就是通过它与统计学中抽样数据的比较：抽样的对象是根据事先设定好的条件，随机抽取的具有很强代表性的"样本"，而对于大数据

> **小贴士**
>
> 抽样是指从欲研究的全部样品中抽取一部分样品单位。其基本要求是要保证所抽取的样品单位对全部样品具有充分的代表性。

我们需要的"样本"是所有的样本，即"样本=全体"。

抽样只能从抽取数据中得出事先设计好的问题答案，无法回答突然出现的问题。就是说随机采样方法并不适用于一切情况，因为这种调查结果无法进一步的拓展，即调查得出的数据不可以重新分析以实现计划之外的目的。比如在监督抽样过程中，伴随着食品药品突发事件的发生，我们调查事情发生原因的手段都是采用"专项抽样"、"专项整治"的事后监管手段。如果应用大数据，在突发事件发生后，可以通过对平时日常监管过程中大数据信息的提取与再分析，就可以在大数据中分析出突发事件产生的原因。虽说针对性的抽样是处理突发事件和查明问题原

因的一条捷径，但大数据是建立在掌握所有数据的基础上，至少是尽可能多的数据，所以我们就可以通过考察细节并进行新的分析，发现可能存在的潜在风险。

我们传统的做法是在设定的条件下，开展针对性的监督或者评价性检验工作，在工作过程中我们会以提高样品采集的代表性为手段，而不是增加样品的数量，我们收集到的数据，会按照我们之前设定的条件，清晰、规整地展现在我们面前。但在大数据的收集后，数据来自全国各地，清晰的评价抽验、监督抽验分类将会被混乱却更灵活的政府委托抽验数据、企业委托检验数据、百姓个人送检数据等信息所取代。之前不符合我们设定问题的数据和不具有统计学意义的"沉睡"的数字，也可能通过对他们一定的分析与归类，向我们揭示出新的答案。

大数据的出现，使得我们的生活不再是一个整齐的世界。在之前我们追求数据的整齐、精确，因为当时我们收集的数据很少，所以需要越精确越好。但是，如果需要快速获得一个大概的轮廓和发展脉络，大数据的简单算法可能会比小数据的复杂算法更加有效。在检验工作的数据统计中，单一的数据、一个年度的数据甚至是一个地区的数据看不出太多的规律，但是随着跨年度、跨地区的数据越来越多，具有共性的特征就会在数据上呈现出一种"秩序、关联和稳定"，更多的规律将得以呈现。

我们将收集到的所有数字信息用新的方式加以归类和使用。今后在食品药品技术监督的各个环节，数据量将会越来越大，处理这些数据的能力也需要越来越强，大数据同样也是一个技术问题，在注重硬件设备配置的同时，软件的利用与开发，如何帮助我们实现对数据的分析与判断，是我们在日常工作中应该去积极思考的问题，也许在分析与判断的过程中产生的结论，有可能颠覆我们的管理和工作思路。

[链接] 1966年美国交通事故年死亡人数突破5万人，民间一时舆论沸腾，美国国会迅速对此作做出了回应，通过了《高速公路安全法》，要求联邦政府"立即建立一套有效的交通事故记录系统，以分析确定交通事故及伤亡的原因"。这个法案的直接结果，是交通安全管理局开始在全国范围内收集交通事故的死亡记录，建立了"交通事故死亡分析报告系统"。交通安全管理局也因此成为美国联邦政府最早开始大规模收集数据的部门之一。经过几十年的发展，该系统已经演变为一个在线分析系统，任何人都可以上网查询。

3. 用数据服务

各级监管部门与检验机构都有对数据的共性和个性化需求，同样对于企业、行业协会和百姓也有对监管结果、检验结果、行业动态方面的数据需求，只要搭建一个跨区域的数据共享平台，将上述各方需求的海量数据形成一个既可实时查询又可实时维护、更新的大数据平台，就能实现一种最大规模的公共服务。

当各种各样、参差不齐的海量数据汇总上传至一个平台后，海量数据不仅能规模化也能个性化。公众或是数据的需求方越来越期望能在网上搜索到他们所需的全部信息。为了满足公众的这一需求，政府机构就要对这些数据进行管理并开放，同时政府机构也能从中获得准确的信息，帮助公众做出准确的判断。因此在共享数据的同时，根据不同需求的人群进行数据分析和归类提供个性化服务势在必行。

当我们在现有的网络数据查询平台获取我们想要了解的数据信息时，新的信息载体已经出现了——手机APP平台和手机微信平台（监管部门已搭建的信息平台将在下一节中进行具体介绍），可能在不久的将来一

App是application"应用"的英文缩写，通常专指手机上的应用软件，或称手机客户端。

种甚至是多种实用化的新技术又将出现，抑或是在其他信息技术领域已经广泛应用的手段，在药品技术监督领域实现应用。

新技术的产生说明了一个我们以前没有认识到的现象，一直以来我们追求的都是以需求为导向来提供服务，但新技术的出现，甚至是一种"颠覆性技术"的出现，将会引导新的需求，也就是说如果我们善于利用和整合其他行业的新技术，我们可以创造服务。

什么是颠覆性技术？一般来讲一个产品品种会随着需求的提高而不断改进性能，这种改进与时间的关系是线性的，但颠覆性技术不一样，它由技术来驱动，引导新的需求。

"药品查查看"手机微信服务平台、"质量与认证"手机微信电子期刊的出现，使得人们的交流和信息查阅都可以在小小手机载体中完成

——大数据下的信息化服务

大数据的提出，说明了我们对海量数据存在的认同。在监管部门或检验部门已搭建的信息平台的基础上，如何扩大数据源、如何对数据源进行再应用，是未来创造服务的必由之路。

1. 个性：人人享有服务权

个性化服务是指检验机构按照抽验、委托检验和注册检验的分类，针对不同客户需求，向用户提供和推荐相关信息的一项服务举措。而个性化数据服务的互动模式就是将个性化服务搭载在特定的数据载体上，同时以互动交流、问答的形式，对客户提出的需求进行实时解答的一种服务方式。

目前全国90%的药品检验所已经实现了互联网访问，但目前的互联网络为访问者提供的信息质量却是参差不齐，实时更新的信息多是工作动态和通知文件，还没能实现实时的业务查询与数据分析查询。随着检验机构业务范围的不断扩大和业务群体的多样化，为了满足不同客户的需求，我们应该借助互联网络，构建以用户需求为导向的互联网业务受理和业务查询平台，为客户提供实时的检测信息查询。委托客户只需点击鼠标或者借助移动便携设备就能随时随地查询检测项目信息，实现网上业务咨询、检验委托、网上支付、网上查询报告、检测报告网上下载和打印等功能，不但简化了业务办理流程，而且降低业务办理成本。其实这些功能在铁路票务销售、银行数据查询、电子商务等方面已经有了类似的成功经验，可以将一些在其他领域成功应用的互联网服务模式，在我们的互联网对外服务工作中进行借鉴和尝试。

近年来，微博、微信等新媒体和信息载体的出现，给人们生产生活带来极大便利，它们具有传播速度快、传播范围广的特点。借助移动设备随时随地的进行交流沟通，已经成为人们获取信息，传播信息的主要途径。监管部门目前已经通过政务微博、微信等新媒体积极加强与网民的沟通与互动。在国内某微博门户网站搜索"食品药品监管"，就能查到已有20多个省市在微博平台进行注册。作为监管部门重要的技术支撑机构，我们在配合监管部门完善舆情收集和及时回复的同时，也应协助监管部门向不同群体提供个性化的技术信息定制服务，与监管部门合力打造为群众提供科学饮食用药知识的新载体、与公众互动交流的新途径和回应社会关切的新渠道，做到互动信息群众看得到、听得懂，保证互动交流平台成为群众获取信息的权威渠道，协助监管部门及时解答民众关于食品、药品、医疗器械、保健食品和化妆品使用安全等方面的疑问。

"中国食品药品监管"微博互动平台，听众已达到96.0263人

2. 开放：服务内容阳光化

数据的开放与共享是解决大数据问题的一个前提条件，这就要求我们改变传统思维模式，唤醒那些沉睡的数据，打破区域间检验机构信息孤立的状态，打造数据资源整合平台，利用互联网、手机APP等多种方式向公众公开各类数据资源。搭建以用户需求为导向的公共信息资源服务平台。

🎥 链接 在美国的社交网络中，为许多慢性病患者提供临床症状交流和诊治经验分享的平台，医生借此可获得在医院通常得不到的临床效果统计数据。基于对人体基因的大数据分析，可以实现对症下药的个性化治疗。

目前中国食品药品检定研究院已开发和建立了"基本药物质量信息平台"，内容涵盖了"批签发系统"、"进口药品系统"、"系统资源直报"、"资源数据统计"、"数字标准共享"、"国抽数据统计"、"电子图书馆"等方面。已经搭建了资源覆盖的模块，系统数据和大数据的维护正在开展。信息的载体平台已经建立，但如何按照大数据时代的发展规律，起到更加行之有效的作用，并起到引领发展、辐射行业的作用，是我们在这里需要进行探

讨的内容。

建设开放式服务平台不应是一个部门单独承担的工作，应该在现有检验机构网络建设的基础上，将检验数据进行收集，再进行统一整合、分析与共享，例如通过数据分析就能在检验结果中发现生产时间、销售地域与产品质量之间的关系。类似的分析结果可以帮助监管部门在接下来的工作中开展针对性抽样，同时也可以根据发现的问题，提示生产企业在产品生产或流通过程中改进质量控制工艺。

开放式服务平台的对象应该不仅仅局限于监管部门和检验机构，应该同样包括社会普通用户和生产企业。对于社会普通用户，平台主要提供有关食药安全的知识、消费警示、产品真伪、质量状况查询以及产品投诉的途径，使得民众不再被动式的接受国家政府各级机构发布的数据信息，不再受到时间空间上的限制，同样还能够积极引导民众主动参与到信息的发布和传播中，形成全社会共同参与的局面。对于生产企业，平台主要提供产品质量提升方案，风险防范措施，满足企业在生产过程中对于产品质量的有效控制，防范生产过程中可能存在和出现的质量安全风险点。对于监管部门，平台提供实时的抽样检验结果查询，在平台中一旦出现抽验不合格的检验信息，平台将第一时间给出警报，监管部门通过移动终端即可接收检验不合格产品的详细信息，及时对问题产品进行调查处理。对于检验工作者，平台将成为问题信息技术交流的载体，比如说一个不合格项目，对于一个实验室而言可挖掘和可研究信息很有限，但是如果通过搭建平台进行技术交流和检验信息的共享，可能会发现同样一个问题在多个实验室出现的情况，那么针对这种共性问题进行进一步的研究和比对，将是非常有意义的。

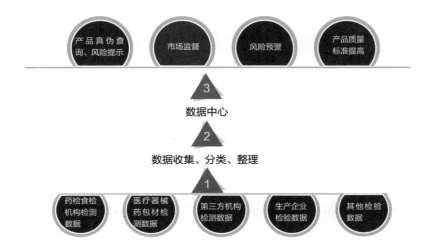

3. 多维：信息内容集成化、仿真化

多维化的数字技术应用是指针对同一种服务信息，为了更直观、更形象地满足客户需求，而建立的数据平台或服务终端。将数据开放的同时也将信息表达的方式由文字变为数字、再由数字变为图片、甚至还可以实现由图片变为图像的展示。

比如将一种中药材在检验过程中的所有检验信息，包括：检验数据、检验结果、外观照片等，都通过数字化采集的方式，汇总到一个服务终端，就可以实现多维化的服务功能。将性状、显微、薄层、分子生物等鉴别方法同时集成于平台，将中药材鉴定由经验导向，变为客观和定量。将正品、伪品标本的数字信息、图片信息、实物三维立体图像信息等数据采集至一个数据平台，并通过数据查询终端对真伪鉴别点通过在线查询系统对仿真化的三维立体图像进行查阅，对于监管人员可提高监管环节的抽样靶性命中率，对于生产企业和医疗机构可为其药材采购提供简便、直观的参考依据。同时也可以将药物剂量、毒性、不良反应以及用药注意事项情况等信息通过信息平台呈现出来，方便专业与非专业人士查阅，并可以向百姓开放这一查询功能，为百姓提供快速、准确的安全用药信息。

——大数据下的检验"变革"

大数据下的检验"变革"应包括工作思路的转变、信息化技术的应用以及智能化设备的使用等方面。

1. 在数字中寻找风险

在这里还是要举出谷歌词条搜索那个经典的案例——"谷歌流感趋势"项目依据网民搜索内容分析全球范围内流感等病疫传播状况，其推断的准确率达到了97%。在我们的日常工作中，如果遇到经过大量实验都无法找到问题存在的原因，是否可以转变一下思维，通过预警相关信息，来控制问题的发生或发展，也可以达到防止食品药品安全危害的目的。

[链接] 在社会安全管理领域，通过对手机数据的挖掘，可以分析实时动态的流动人口来源、出行，实时交通客流信息及拥堵情况。利用短信、微博、微信和搜索引擎，可以收集热点事件，挖掘舆情，还可以追踪造谣信息的源头。美国麻省理工学院通过对十万多人手机的通话、短信和空间位置等信息进行处理，提取人们行为的时空规律性，进行犯罪的预测。未来有一天，可能刚刚有一个触犯法律的想法，警察就已经出现在了你的面前。

在风险管理中是不是有一天我们不再冥思苦想是什么原因引起和引发的食品药品安全事故，我们只要关注跟事故相关的某些事件的变化特征，就可以帮助我们解决对食品药品安全事件的预警和提前处置。比如某一个食品安全风险，是否可以通过百姓的购买习惯变化和销售量的变化，来预示到可能存在的问题，进而进行监控，再通过检验手段来予以验证。

所谓风险，只有在产品被使用之后才被发现，也就是说找到了需求也就找到了风险，需求量越大，可能存在的风险也就会越大。通过观察监管部门的近期做法不难发现，监管部门已经将一个数据的采集和互动的平台搭建成功，说明行政监管部门已经在政务公开和大数据信息收集方面开展工作。我们已经可以拥有丰富的数据源，如何应用大数据的思维方式对她们进行分类与分析，来找到或推测出食品药品安全的风险点，并进行利用是我们思考的问题。

以2014年年初国家总局公布的《互联网药品交易监管办法》（征求意见）为例，在不久的将来，处方药和非处方药都将被允许在互联网中进行销售。当网络销售的数量占到市场流通药品量的一定比例后，食品药品检验机构通过对药品网络销售情况进行分析，就可以判断出市场的用药习惯或随时间、地域的不同，各药品品种的不同销售情况，从而提前制定药品安全风险评估预案，对于用量大的产品类型提前

进行质量安全的评价性检验。

其实类似的市场需求信息就在我们的身边。在国内的网络论坛中与医药有关的网站比比皆是。其中比较著名的"丁香园"网站，起初是医生们根据自己所在的学科建立的论坛，逐渐的药学领域的论坛也在其中出现，其中分析技术中的清晰分类更是检验机构技术人员获取相关知识的重要捷径，这就是一个技术人员互相交流、互相探讨专业知识的平台。同样在国内知名网站的论坛中，出现了一个叫作"激素依赖性皮炎吧"的贴吧。关注的人群达到了一万余人，发帖二十余万。类似的贴吧是否能够给予我们更多的风险预警的信息，或者在贴吧中才是真正的市场需求状况。这为我们排查市售产品质量，抑或是发现非法销售产品的藏身之地提供了线索。

"丁香园"网站中的药学讨论专区

"激素依赖性皮炎吧"

2. 数字化的检验机构

对于药检系统而言，如果要实现大数据的分析，必须要有一个全系统统一的数字录入或者是信息采集的模板，药品、保健食品、化妆品、医疗器械在信息采集过程中应该有不同的信息采集模板，但是在全国药检系统如果涉及其中一类产品的信息采集，那这个采集的模板又应该是相同的。因为"四品一械"中，信息采集点是完全不同的，但是作为大数据收集和整理的基础数据，全国药检系统在同类产品的信息采集模版又应该是相同

的，这个模版就是所谓的"指标数据集"。

指标数据集的出现，最早是因为不同组织之间信息有交换的需求，例如：两个医院之间，医院和政府医疗管理部门，医院和保险公司之间以及一些社会福利部门之间，都有交换信息的需要。在食品药品检验机构建立的指标数据集，就是指样品信息采集过程中必须收集的数据指标，便于监管部门与检验机构之间数据的共享和统计。

指标数据集的建立，可以将不同机构的数据来源，统一规范的分类与定义。比如在数据集中明确抽验检验的分类，如：案件抽验、日常监督抽验、不良反应抽验等，在被抽样单位性质中，明确市、区、县医疗机构、零售药店的具体分类，明确某一类信息的统一分类，比如：药品抽验中的供样单位性质——可以统一分为：生产企业、零售企业、批发企业、医疗机构，或者在指标数据集中在一级分类的基础上，再形成一个二级分类的菜单，甚至是三级分类的菜单。比如：一级分类中的"医疗机构"，还可以在二级子菜单中，再分为市级、区级、街道门诊部等。这样对于同一种类的产品，无论是国家专项、省级专项还是地市日常的监督抽验及评价抽验，都是统一的信息采集模版，便于在大数据信息采集后，对同类信息的汇总和风险趋势的判断。

目前网络中随处可见的二维码生成器，可以轻易地将已拥有门户网站的食品药品检验机构网址生成二维码，实现手机扫描二维码进行网站登录。对于APP手机平台，2014年6月药监总局APP手机客户端上线，为市民提供药品信息查询，为企业提供申请事项的进度查询，监管部门提供服务的一个全新平台出现在了公众面前。食品药品检验机构APP上线只是时间上的问题。其实目前一些药品行业的专业人士，也已将重要的通知文件、检验操作规程、中药材真伪鉴别等信息，转换成了手机APP平台软件，共享至手机交友平台，因此药检系统APP平台在技术方面和信息储备方面，不存在任何问题，我们只是需要一个权威的信息管理者与发布者，将这些信息随时进行更新与维护，便可以实现公文、标准操作规程、业务指导文件在全食品药品检验机构的共享。

3. 数字化拉近你我的距离

一种新的无线传感器，射频识别标签（Radio Frequency Identification, RFID）目前异军突起。从2005年起，美国食品与药品监管局（FDA）已经开始在药品上推行配置RFID的做法，以打击假药。监管部门对样品真伪信息的采集，生产企业对产品在不同销售辖区储存条件温湿度的监控，都可以采用RFID技术，通过信息采集设备，只要贴近传感设备，半秒钟样品的所有信息都进入到了信息采集装置，并已经上传至了中央服务器，甚至包括了实时的样品温湿度储存条件信息。这样既保证了样品信

> **小贴士**
>
> RFID精巧轻便，既可以薄如纸张，也可以小如豆粒，却能够无线存储、发送、读写数据，目前的应用主要集中在身份识别领域。

息采集的一致性，避免了抽样人员手工录入样品信息可能出现的错误，又确保检验机构与抽样机构样品信息采集的一致；同时也实现了生产企业对样品整个流通过程储存条件的实时监控。

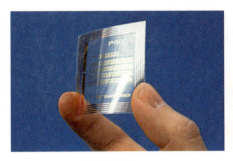
薄如纸张的RFID

对有RFID芯片的产品进行信息采集

随着谷歌眼镜、运动记录芯片等可穿戴数码设备的出现，我们是否可以结合相关技术，将类似可穿戴设备使用到检验工作中。如：检验工作者可根据穿戴设备（视频眼镜）的提示，来判断定容的刻度和酸碱滴定操作的变色点。三维眼睛还可以将药品标准中的文字内容变成可视化的文字时时呈现在检验工作者面前，抑或是对于检验工作者不熟悉的实验操作过程，进行可视化的标准操作教学。

〔链接〕　谷歌眼镜（Google Project Glass）是谷歌公司开发的一款智能眼镜，该产品具有智能手机所能提供的各类服务。谷歌眼镜的外观类似一个环绕式眼镜，其中一个镜片具有微型显示屏的功能。眼镜可将信息传送至镜片，并且允许穿戴用户通过声音控制收发信息。

谷歌眼镜在医疗领域的应用

　　同时我们还可以借助可穿戴设备，实现检验过程的同步传输。我们随时可以将业务工作画面传输到客户的手机中，满足客户观看实验操作和对检验工作进度进行查询的需求。同时采用4G同步传输，还可以满足远程实验操作教学、业务培训、实操考核、业务交流等需求。

4G技术在医疗急救领域的应用

　　在不久的将来我们同样可以利用网络与世界世界的互联互通，共享国际交流平台信息或通过国际相关文献报道，进行产品风险信息的筛查和整理，将国内、国外相关信息进行分析，做出z安全，甚至是全球性的食品药品安全预警，并针对性地开展国际标准提高与制修订工作。

　　同样技术人员之间的交流与互动，也将由国内互通向国际化发展，不同区域、不同国别间的技术的互通、问题的互通、解决方案的互通将在大数据时代汇集成一个平台（例如"维基百科"中，来自世界各地的用户，都可以在某一个观点上留下自己的意见）。我们可以与世界同行探讨热点问题的解决思路和方法，也许在某一观点上我们遥遥领先，可以帮助他国政府解决食品药品技术监管过程中的难题。

大数据归根到底是一种思维的模式，也可以说它代表着新时代的一种潮流。讨论"社会共治"、"风险管理"、"大数据"等话题，就是想说明科学检验精神中"检验为民"与这些新模式、新方法一样，也是随着时代的潮流在不断丰富与发展。我们食品药品检验工作者也会像追求技术进步那样，不断创新和丰富"检验为民"的方式、方法，将"中国药检"的文化与品牌弘扬光大，持续提升为公众服务的核心竞争力，永立时代发展的潮头！也许在几十年以后，我们的中国食品药品检验集团，在国际上已经具备了一定的规模和实力，我们的技术优势完全可以作为国家外交的一种技术优势，进行技术输出。就像SGS、TüV等大型检验机构一样，承担其他国家的政府委托检验业务。

2014年3月，中国食品药品检定研究院在《科学检验精神课题》研究成果的基础上，提出编写《科学检验精神丛书》。经过全系统申报、遴选，深圳市药品检验所与青海省食品药品检验所有幸成为《科学检验精神丛书》之《为民篇》主编和副主编单位，同时组成由深圳市药品检验所、青海省食品药品检验所、中共青海省委党校、总后卫生部药品仪器检验所、北京市医疗器械检验所、云南省食品药品检验所、南京市食品药品监督检验院7家单位，14名同志为编委的编委会。

为民是科学检验精神的核心，《为民篇》是《科学检验精神丛书》的开篇之作。为此，全体编委既感到光荣，又深感责任重大。检验为民是食品药品检验工作的根本出发点和落脚点，检验为民理念既有坚实的思想理论基础，又有深刻的内涵要义，构成了检验为民丰富的理念体系，这是本书编写中需要把握的主线和命题。编委们一致认为应该回答好这样几个关键问题：① 检验为民理念有其理论渊源，即：以人为本原则的宣示、人文精神的传承、为人民服务宗旨的践行。② 检验为民理念的本质特征：服从监管需要——为国把关；服务公众健康——为民尽责。③ 我国食品药品检验系统检验为民60年的光辉历程。④ 怎样落实检验为民，新时期检验为民如何体现。

检验为民理念是浅显易懂、深入人心的朴素道理，它没有晦涩难懂的技术学问，需要用朴素的语言诠释它、说明它。为此，在本书的结构编排和逻辑上，我们把理论观点与检验实践相结合，将历史、现实和未来相结合。

根据分工，各编委承担各篇章编写任务：深圳市药品检验所张伟、傅议娇负责第一章第一、二节的编写；刘梦溪负责第一章第三节及第二章的编写；总后卫生部药品仪器检验所孔爱英、北京市医疗器械检验所高梅、云南省食品药品检验所禄宁、南京市食品药品监督检验院马宗利、深圳市药品检验所闫凯共同负责第三章；南京市食品药品监督检验院马宗利负责第七章；中篇第四、五、六章由深圳市药品检验所刘梦溪、张伟、傅议娇，中共青海省委党校吴玉敏教授，青海省食品药品检验所钟启国、王京礼共同承担；深圳市药品检验所闫凯负责第八、九章编写。在此基础上，闫凯、刘梦溪两位执行主编对全书进行了统稿。两位副主编：青海省食品药品检验所海平所长和深圳市药品检验所徐良副所长对全书进行了认真、细致的审稿、校对。作为主编，对全书的主要理论观点及章节结构，进行了反复的推敲、审定，并对各篇章的具体文字内容进行了认真的修改、凝练。《为民篇》经过全体编委的辛勤付出，终于成稿编印，全体编委为科学检验精神的传播尽了一点绵薄之力，付出了不懈的努力，我们感到由衷的喜悦。

在本书编写过程中，《科学检验精神丛书》总主编李云龙从理论、方向性等宏观方面提出了编写要求，并给予具体的写作指导，倾注了大量的心血。《丛书》执行主编高泽诚，协调方方面面的关系，协助收集各类参考素材，并为本书的编写提出了许多具体、中肯的指导意见和建议。资深媒体人张建强老师和中共青海省委党校的吴玉敏教授（本书编委之一）作为专家对本书提出了建设性的指导意见。对上述领导、专家对《为民篇》的支持、关心、肯定、帮助，表示深深的敬意和诚挚的感谢！

此外，还要感谢中共青海省委党校陈文捷老师，在本书第六章编写中所付出的努力，深圳市药品检验所文屏、韩东岐、秦斌、吴浩、侯建勋、刘远平、罗俊、陈宁、苏畅、张高飞、曹婷11位同志参与搜集整理素材、修改图片，并也参与部分初稿的编写工作。我们也表示感谢！

中国食品药品检定研究院以及全国各级食品药品检验机构对本书的编写也给予了许多帮助和支持，在此一并致以感谢！

由于编写水平有限，书中难免有错误遗漏、不妥之处，敬请领导、同行、读者朋友——批评指正。

鲁 艺

2014年12月

参考文献

［1］菲利普·希尔茨. 保护公众健康——美国食品药品百年监管里程［M］. 姚明威，译. 北京：中国水利水电出版社，2005.

［2］韩良忆. 文明的口味：人类食物的历史［M］. 广州：新世纪出版社，2012.

［3］国家食品药品监督管理局. 确保公众饮食用药安全——中国食品药品监管改革与发展［M］. 北京：中国医药科技出版社，2008.

［4］何毅亭. 学习习近平总书记重要讲话［M］. 北京：人民出版社，2013.

［5］叶汝贤，王征国. 以人为本与科学发展观［M］. 北京：社会科学文献出版社，2012.

［6］陈荣平. 管理大师中的大师：彼得·德鲁克［M］. 石家庄：河北人民出版社，2005.

［7］国家食品药品监督管理局. 确保公众饮食用药安全——中国食品药品监管改革与发展［M］. 北京：中国医药科技出版社，2009.

［8］中国医药报刊协会，中国医药工业科研开发促进会. 新中国药品监管与发展经典荟萃［M］. 北京：中国医药科技出版社，2011.

［9］《当代中国》丛书编委会. 当代中国的医药事业［M］. 北京：中国社会科学出版社，1988.

［10］陈佳，金红宇，田金改，等. 民族药质量标准现状概述［J］. 中国药事，2012，2：191-193，198.

［11］金少鸿. 药品检测车的研制及其作用［J］. 中国药事，2007，1：8-11.

［12］冯艳春，胡昌勤. 我国药品快速检测技术位于世界前列——记药品快速检验技术标准的研制［J］. 中国卫生标准管理，2010，1：61-63.

［13］汤振宁，朱平兆，江梁，等. 对我国药品检测车管理模式的分析及建议［J］. 中国药事，2010，11：1094-1097.

［14］聂黎行，张毅，戴忠，等. 国家药品评价抽验对中药标准提高的促进作用［J］. 中国药业，2013，22：2-3.

［15］于江泳，余伯阳，钱忠直. 试论国家药品标准提高工作［J］. 中国药事，2011，10：955-958，975.

［16］杜冠华. 保障药品安全与提高药品质量问题探讨［J］. 医药导报，2013，2：

135–138.

［17］郁庆华，谢冉行. 开展仿制药质量一致性评价的探讨［J］. 上海医药，2014，7：49–53.

［18］涂子沛. 大数据［M］. 桂林：广西师范大学出版社，2013.

［19］黎友焕，魏升民. 社会建设与社会管理创新［M］. 广州：广东人民出版社，2012.

［20］全国干部培训教材编审指导委员会. 民生保障与公共服务［M］. 北京：人民日报出版社，党建读物出版社，2011.

［21］武志昂，毕开顺. 试论药品上市前评价和上市后评价［J］. 中国新药杂志，2007，16（17）：1319–1321.